本书是辽宁省科技厅重点研发计划指导计划项目"教育大数据画像技术及一体化平台"（2018104021）成果和辽宁省教育厅2019年辽宁省高等学校创新人才支持计划成果

U0188010

大数据

应用与挑战

白晓梅　白忠波　◎著

知识产权出版社

全国百佳图书出版单位

—北京—

图书在版编目（CIP）数据

大数据应用与挑战／白晓梅，白忠波著．—北京：知识产权出版社，2024.1
ISBN 978-7-5130-9000-1

Ⅰ．①大…　Ⅱ．①白…②白…　Ⅲ．①数据处理—研究　Ⅳ．①TP274

中国国家版本馆 CIP 数据核字（2023）第 237203 号

内容提要

大数据在各个领域都发挥着重要作用，帮助发现规律、优化决策，促进相关领域的进步与发展。本书主要探讨了在大数据时代背景下，教育大数据、体育大数据、学术大数据的应用与挑战。本书共分 4 章：第 1 章主要综述教育大数据预测、应用和挑战；第 2 章介绍了体育大数据的背景、管理、体育数据分析方法、实际应用和代表性研究问题；第 3 章介绍体育社交网络，并对其研究成果进行综述和分类，提出了该领域中有前景的研究方向；第 4 章主要研究量化合作者的影响力，基于合作-引用网络，提出了一个结构化的量化模型，即 SCIRank 模型。

本书适合从事大数据研究的科研人员及相关研究领域的广大师生阅读使用。

责任编辑：李海波　　　　　　　　　　　责任印制：孙婷婷

大数据应用与挑战
DASHUJU YINGYONG YU TIAOZHAN
白晓梅　白忠波　著

出版发行：知识产权出版社 有限责任公司	网　　址：http://www.ipph.cn
电　　话：010-82004826	http://www.laichushu.com
社　　址：北京市海淀区气象路 50 号院	邮　　编：100081
责编电话：010-82000860 转 8582	责编邮箱：laichushu@cnipr.com
发行电话：010-82000860 转 8101	发行传真：010-82000893
印　　刷：北京虎彩文化传播有限公司	经　　销：新华书店、各大网上书店及相关专业书店
开　　本：720mm×1000mm　1/16	印　　张：7.25
版　　次：2024 年 1 月第 1 版	印　　次：2024 年 1 月第 1 次印刷
字　　数：120 千字	定　　价：49.00 元

ISBN 978-7-5130-9000-1

出版权专有　侵权必究
如有印装质量问题，本社负责调换。

前　　言

教育大数据、体育大数据、学术大数据在国家人才培养、人才引进、基金分配等方面扮演着重要角色，已经受到国内外科研工作者的广泛关注。本书共包括四章，主要贡献为：

第 1 章主要综述教育大数据预测、应用与挑战。教育大数据预测研究不仅能够指导教育管理者作出合理的决策，还能为学生提供就业推荐、失业预警等精准服务。关于教育大数据预测部分，本章重点关注影响学生成绩的因素、预测学生成绩的模型及其应用。关于教育大数据应用部分，重点介绍：（1）预测，如异常学生预测、学生成绩预测及就业预测等；（2）推荐，如推荐课程、推荐导师及推荐学习场所等；（3）评价，如学生学业评价、教师科研评价及教师教学评价等。关于教育大数据挑战性的问题，我们重点介绍了开放的教育大数据、教育大数据平台、学生行为预测分析、教育相关的知识图谱及隐私威胁和合法保护问题。

随着信息技术和体育运动的快速发展，体育信息分析已成为一个越来越具有挑战性的问题。如今，各种各样的体育数据都可以很容易地访问，并且研究人员已经开发了令人惊叹的数据分析技术，这使我们能够进一步探索这些数据背后的价值。第 2 章首先介绍了体育大数据的背景。其次介绍了体育大数据管理，如体育大数据采集、体育大数据标注和提升体育大数据的质量。再次介绍了体育大数据分析方法，包括统计分析、体育社交网络分析和体育大数据分析服务平台。此外，我们还介绍了体育大数据的实际应用，如评价和预测。最后调查了体育大数据领域的代表性研究问题，包括利用知识图谱预测运动员成绩、发现潜在的体育新星、统一的体育大数据平台、开放的体育大数据和隐私保护。

第 3 章首先介绍体育社交网络。其次对体育社交网络和体育社交的最新研究成果进行了综述和分类。基于传球网络的网络分析，我们从以下三个方面展开介绍：中心性及其变体、熵、其他度量指标。再次比较了用于体育社交网络分析、建模和预测的不同体育社交网络模型。最后提出了体育社交网络领域中有前景的研究方向，包括利用多视角学习挖掘体育团队成功的基因、基于图网络评价体育团队合作的影响力、利用图神经网络发现最佳合作伙伴及基于属性卷积神经网络发现体育新星。

第 4 章主要研究量化合作者的影响力。基于合作–引用网络，提出了一个结构化的量化模型，即 SCIRank 模型。实验结果表明：（1）在学术界，学者之间的合作活动更倾向于短期合作。（2）在学术合作生涯中，具有高影响力的合作者对的年平均合作影响力要高于中、低影响力的合作者对的年平均合作影响力，这表明学术合作行为越来越频繁。（3）自从 1930 年以来，80%的合作者影响力来源于 20%的合作者，这和"二八定律"一致，说明合作影响力主要来源于少数科学家。（4）SCIRank 模型不仅能够识别合作者对的影响力，而且能够识别有突出影响力的论文，如诺贝尔奖论文。

本书第 1 章和第 4 章由白晓梅撰写，第 2 章和第 3 章由白忠波撰写。本书的出版得益于 2018 年辽宁省科技厅重点研发计划指导计划项目和辽宁省教育厅 2019 年辽宁省高等学校创新人才支持计划的资助。本书主要面向从事教育大数据、体育大数据、学术大数据研究的科研人员及相关研究领域的广大师生。由于教育大数据、体育大数据、学术大数据相关研究发展迅速及作者能力有限，书中若有不妥之处，敬请广大读者与同行专家提出宝贵的意见。在此，感谢鞍山师范学院校领导和科技处领导给予我们的大力支持和经费保障，特别向为本专著的出版作出贡献的同志们表示衷心的感谢！

目　　录

第1章 教育大数据预测、应用与挑战❶

百年大计，教育为本。2017 年 7 月 8 日，国务院印发《新一代人工智能发展规划》，该规划明确指出，"开展智能校园建设，推动人工智能在教学、管理、资源建设等全流程应用"。2019 年 2 月，中共中央、国务院印发《中国教育现代化 2035》。文件强调了互联网、人工智能等新技术的发展正在不断重塑教育形态，知识获取方式和传授方式、教和学的关系正在发生深刻变革。2019 年 5 月 18 日，国际人工智能与教育大会在北京闭幕。来自全球 100 多个国家、10 余个国际组织的约 500 位代表共同探讨智能时代教育发展大计，审议并通过成果文件《北京共识》。该文件提出，各国要制定相应政策，推动人工智能与教育、教学和学习系统性融合，利用人工智能加快建设开放灵活的教育体系，促进全民享有公平、有质量、适合每个人的终身学习机会。

大数据及人工智能技术以其独特的功能与优势应用于教育领域，开启了教育科学发展的新时代，推动了教育领域的众多变革。数据驱动教育创新、数据驱动教育变革已成为不可更改的趋势。在当前国际形势下，教育大数据从战略高度定位为推动教育变革的新型战略资产、推进教育领域综合改革的科学力量及发展智慧教育的基石。

教育大数据术语源于快速增长的教育数据，包括学生固有属性、学习行为及心理状态等。教育大数据有许多重要的应用，如教育行政管理、创

---

❶ 本章研究成果发表在 2021 年《大数据研究》（*Big Data Research*）期刊上，题目为 *Educational Big Data：Predictions，Applications and Challenges*。

新教育及科研管理等。其中，最具代表性的研究是学生成绩预测、就业推荐及困难生资助。高等教育阶段的研究已经受到国内外科研工作者的广泛关注，原因在于：高等教育发展水平是一个国家发展水平和发展潜力的重要标志。世界各国都把办好大学、培养人才作为实现国家发展、增强综合国力的战略举措。最近，关于教育大数据的研究层出不穷，研究者已经取得了一系列显著的研究成果，尤其是在教育大数据预测及其应用方面。本章主要围绕教育大数据预测、应用与挑战开展工作，具体包括以下内容：教育大数据发展的意义、教育大数据发展现状、教育大数据特点、教育大数据预测、教育大数据应用、开放性和挑战性的问题。本章详细介绍了教育大数据预测中非常重要的学生成绩预测，包括影响学生成绩的相关因素、预测模型及评价指标。

1.1 教育大数据发展的意义

从国家层面讲，教育大数据能够驱动国家教育政策科学化。数据在国家教育决策的制定方面起着关键性作用，而大数据技术使得数据的收集和分析更加方便、快捷、全面、准确，它具备数据海量化、途径多元化、挖掘深度化等优势，能够发现多种教育数据之间以及与其他社会行业数据之间的内在联系，有助于构建更加系统化的教育发展模型，推动国家教育政策制定与调整的科学化。决策科学化将使得教育整体成本呈下降趋势，同时实现教育质量和教育公平的大幅提升。

从区域层面讲，教育大数据驱动区域教育均衡发展。区域教育均衡发展是我国教育事业面临的重大现实问题。应用大数据技术可以准确把握区域教育发展动态和影响其均衡发展的关键因素，从教育环境均衡、教育资源均衡、教育机会均等、教育质量均衡等方面全面推进区域教育的均衡发展，缩小区域间的教育差距，帮助不同区域根据自身环境条件、经济状况及发展需要形成各具特色的区域教育发展路径。

从学校层面讲，教育大数据驱动学校教育质量的提升。大数据在提升学校管理质量和教学质量及完善教育评价手段上具有独特的优势。数字校园的建设大大推动了学校管理的数字化和网络化，为教育管理数据的实时采集和深度挖掘提供了条件。

从个体层面讲，教育大数据驱动个体的个性化发展。大数据为人才培养模式的创新提供了条件和机遇，从大众化走向个性化已成为未来人才培养的重要趋势。大数据最大的优势在于让学生和教师认识每个真实的"自我"，同时通过学习行为、教学行为数据的深度挖掘与分析，为每个真实的"自我"推送最合适的学习资源与学习路径。

概括来说，教育大数据能够破解传统教育面临的五大难题：破解教育发展不均衡难题，实现教育普惠化；破解教育信息隐形化难题，促进教育可量化；破解教育决策粗放化难题，提升决策科学化；破解教育择校感性化难题，推进选择理性化；破解教育就业盲目化难题，指导择业合理化。

1.2　教育大数据发展现状

大数据的研究与发展受到国内外学术界的高度重视。2008 年，世界顶级期刊《自然》（*Nature*）推出大数据相关专刊。2011 年，世界顶级期刊《科学》（*Science*）也推出大数据相关专刊，近几年，自然期刊、科学期刊及《美国科学院院报》（*PNAS*）上发表了多篇与教育大数据相关的研究[1]。国内有关教育大数据的相关研究起步于 2013 年，通过在知网（CNKI）、Web of Science 数据库中以"大数据""教学"为关键词进行检索可以发现，国内对于教育大数据的相关研究文献，2013 年为 95 篇，2014 年为 360 篇，2015

年为 1051 篇，2016 年为 1682 篇，2017 年为 2330 篇，近几年相关的文献数量增长更加迅速。但是，国内教育大数据研究的关键词主要为信息技术、学习过程、课堂教学、自主学习、慕课、教学效果等。可以看出，当前国内的教育大数据研究主要集中在教学过程、在线学习等方面。

教育大数据也受到各国政府的高度重视。早在 2009 年，美国科罗拉多州教育当局开始实施"教育信息系统计划"。美国耶鲁大学、哈佛大学、斯坦福大学等世界知名高校在 2010 年前后即启动了教育大数据相关研究计划，旨在促进学校对学生信息系统和学习管理系统中大数据的使用。美国教育部（U.S. Department of Education）也在 2012 年 10 月发布了《通过教育数据挖掘和学习分析促进教与学》（*Enhancing Teaching and Learning Through Educational Data Mining and Learning Analytics*）报告，分析了当前教育大数据中需要解决的主要问题及面临的挑战。2014 年 5 月，美国发布《2014 年全球"大数据"白皮书》；同年，日本政府出台大数据应用个人数据使用报告及推出"学术性的大数据活用研究据点的形成计划"。2015 年 11 月，美国联邦教育部教育技术办公室颁布了第 5 个"美国教育技术规划"——《为未来做准备的学习：重塑技术在教育中的角色》，该规划旨在通过变革学习方式和经历，缩小长期存在的公平性和可及性差距，为所有学习者发展创造条件。2016 年，首尔市政府开始实施智能计量项目。2017 年，作为美国教育技术发展最重要的政策性文件，《美国国家教育技术计划》阐述了从学习、教学、领导力、评估、基础设施等方面探讨技术在服务日益多样化学生群体中的作用，为国家教育水平的提升提供指导性的意见。

在我国，2015 年 8 月，国务院发布《促进大数据发展行动纲要》，提出建设教育文化大数据，教育大数据已经上升到国家战略层面。该纲要强调需要开放教育数据资源、培养大数据创新型人才，以大数据驱动教育，坚持不懈推进教育信息化的建设，努力以信息化为手段扩大优质教育资源覆盖面，大力促进教育公平，共享优质教育。2016 年 4 月，《中国基础教育大数据发展蓝皮书（2015）》在北京师范大学发布，以支撑和引领国内教育大数据研究与实践。2017 年 1 月，教育部办公厅印发的《2017 年教育信息化工作要点》中强调将深入推进信息技术与教育教学深度融合。2018 年 1 月，《中共中央　国务院关于全面深化新时代教师队伍建设改革的意见》中强调，把全面加强教师队伍建设作为一项重大政治任务和根本性民生工程切实抓紧抓好，并指出师范教育体系有所削弱，对师范院校支持不够，教师专业水平需要提高。2018 年 2 月，《教育部 2018 年工作要点》中阐述了推进教育优先发展，落实立德树人根本任务，深化教育改革，推进教育公平，发展素质教育，加快教育现代化，努力培养德智体美全面发展的社会主义建设者和接班人，培养担当民族复兴大任的时代新人。为了实现上述目标，教育大数据在推进教育领域综合改革过程中扮演着不可替代的角色。

现将国内外众多研究机构和学者在教育大数据方向的研究进展概括如下。

第一，教育大数据资源的共享与开放[2]。教育大数据的重要价值来源于其数据的大规模和全面性，规模的形成需要广泛的数据共享与开放。国外教育大数据从法律到基础设施相对完善。例如，麻省理工学院开放课程项目 OCWC、卡内基梅隆大学的开放学习项目 OLI 都取得了显著的成果。而国内，目前主要涉及一些课程资源的开放。

第二，教育大数据的应用研究[3]。利用网络科学、机器学习、数据挖掘等相关理论与技术，对教育大数据进行分析、建模，实现智能化教育。典型的应用包括：（1）学生画像。围绕学生在校期间学业、生活、就业、心理等方面的实时数据，实现以学生为主体的数据挖掘，对学生进行全维度画像，如通过学生图书借阅情况、在校时长、消费等数据，为学生定制出课程选择、时间管理、交友建议、失联告警、精准资助等服务，开展个性化教育。国内外学生画像做得较好的代表性院校如美国奥兰治县的马鞍峰社区学院、美国普渡大学、美国电子科技大学等。（2）教师画像。通过对教师个体及群体的人事信息、科研成果和教学状况等数据的深度分析与挖掘，实现以教师为主体的精准画像，服务于高校人事、科研管理及教务管理的数据支撑系统。其优势在于：全面建立各类数据桥梁，全盘掌握学校的人事、科研及教学状况；高效地打通数据流通渠道，实现信息聚合，提高数据汇总效率；具有前瞻性，挖掘数据相关性，发现数据隐藏的价值，为管理者提供决策依据。（3）大规模开放式在线课堂（MOOC）。国外著名的MOOC平台主要包括Coursera、Udacity、edX等。Coursera是大型公开在线课程项目，2012年上线，旨在同世界顶尖大学合作，在线提供网络公开课程，截至2023年11月，其合作伙伴达到330个，来自54个国家，包括普林斯顿大学、斯坦福大学等世界顶级大学，课程超过5800门，注册用户已超过1.24亿，国内的北京大学、复旦大学、南京大学、上海交通大学等高校也加入其中，为其提供课程。国内也有企业建立了一系列MOOC平台，如网易云课堂、中国大学MOOC、学堂在线等。（4）教育大数据+技术。国外学者研究虚拟与现实的学习环境在教学设计中的应用，云技术在大规模网络课程的普及，搭建物联网为学生提供全天候的网络信息和学习信息存取通道。（5）社交网络+移动上网对教育的影响。国外学者对元宇宙（Meta）交互式电子白板、视频博客及电子游戏等应用在挖掘人力资源优势和技术优势上进行了研究。（6）教育改革。国内外学者研究教育大数据对教育管理、教育模式、教育思维、教育评价和学习分析等方面的影响。在教育管理方面，通过挖掘教育大数据中潜藏的知识，大学管理工作更加精准高效，实现智慧管理。国内典型的应用如南京理工大学、电子科技大学等高校通过对校园卡的分析以实现贫困资助或学生心理疾病疏导等。在教学方面，实现基于教育大数据的教师教学质量评估，使评价更加精准，优化教学方式，实现智慧教学。在高校资源利用方面，实现精准的资源投放与推送，使学习资源和其他资源发挥最大的作用。

第三，运维监控与安全管理。教育大数据涉及教育者和受教育者的隐私，已有一系列手段保护教育隐私数据不外泄、不被恶意使用，如数据脱敏、定义公开数据与私有数据的界限等。

尽管目前国内外学者对于教育大数据的挖掘与分析进行了大量研究，但是仍然缺少对于师生、学校管理人员及各个职能部门的精准画像技术，缺少社交网络对教育影响的深入分析。综上，需要对教育大数据进行深入研究，以促进国家教育教学改革，加快教育现代化进程。

1.3　教育大数据特点

近年来，大数据给教育系统带来前所未有的改变，教育数据的激增给教育领域带来了新的机遇和挑战。教育大数据可以通过五个关键特征来表征：体量大、速度快、多样性、价值性和真实性。

来自全球数百万所学校每天产生的数以亿计的教育数据，代表着教育大数据体量大的特征。高增长率代表速度快的特征。教育大数据的多样性源于教育大数据包含众多的实体（学生、教师和管理者）和关系（师生关系、同学关系），这使得教育大数据系统更具挑战性，如同名区分（教师和学生）和数据冗余（数据重复）。然而，完成这些具有挑战性的任务的先决条件是确保教育大数据的真实性。多元化的教育大数据主要包含心理（疲倦、专注、快乐、惊讶），生活行为（购物、活动），个人信息（性别、年龄、种族、出生日期、语言、学校、省份和家庭）和学习行为（完成的分数、分数播放和分数暂停）等[4]。值得一提的是，学生智能教程系统和 MOOC 平台等教育平台中的点击流数据、教程成绩单、教育讲座视频和阅读材料等材料代表了教育大数据多样性的特征。

教育大数据最重要的特征之一是其价值性。大量与教育有关的问题目前正在受到研究者的关注，一些研究人员正在为教育大数据应用工作，包括预测（学生表现、就业、失业和资金），推荐（课程、顾问和工作）和评估（学生学习成绩、学生心理、学生行为、教师科研、教师教学）等。

1.4 教育大数据预测、应用简介

教育大数据研究一个非常有趣的研究方向就是高等教育阶段的预测研究。该研究不仅能够指导教育管理者作出合理的决策，还能为学生提供就业推荐、失业预警等精准服务。用来解决教育大数据预测问题的预测模型具有以下功能：分析影响学生成绩的因素、识别关键因素及建模和评价学生行为。

预测模型已经被成功运用到教育大数据领域，用来预测学生成绩及改进预测准确性[5]。预测模型也被用于预测学生失败、辍学及学业成功[6]。影响学生学业成绩的因素已经被研究者进行了广泛的研究。识别学生过去的成绩、学生行为和学生心理因素等关键因素是预测学生表现的关键步骤[7]。研究者将这些因素应用于特征驱动的预测模型中，为教育大数据应用研究提供了相应的解决方案。然而，特征驱动的预测模型缺乏可解释性[8]。与其相比，生成的预测模型可以提供更好的可解释性[9]。

探索教育大数据及其应用的研究可以为学生、教师和教育管理者带来许多益处。研究者已经将教育大数据应用在教师和学生的预测、推荐及评估研究中。学生的安全问题是学校和学生家长最关心的问题。通过深入分析学生的日常活动，能够及早发现行为异常的学生。异常行为预警是教育大数据的重要应用。此外，教育大数据还有许多重要应用，如学生成绩预测、就业预警和失业预警、低收入学生精准资助、为学生推荐导师及学生和教师评估[10]。在本章，我们主要关注影响学生成绩的因素、预测学生成绩的模型及其应用。

为了找到研究需要的相关参考资料，我们利用以下搜索引擎进行搜索，包括谷歌学术、微软学术和百度学术。主要检索了以下关键词：教育大数据、预测学生学习成绩、预测学生成绩、教育大数据应用和高等教育。首先，我们查找发表在有影响力的期刊和会议上的论文，如《信息计量学报》（*Journal of Informetrics*）、国际数据挖掘与知识发现大会（SIGKDD）和国际先进人工智能协会（AAAI）。其次，根据这些文献，我们进一步检索这些论文引用了哪些参考文献，同时查找这些文献又被哪些文献引用。根据这个方法，我们搜索到 500 多篇相关的参考文献，然后查阅每一篇参考文献。最后，我们保留了近百篇最相关的文献。需要说明的是，通过这种方法收集的文献，可能有一定的局限性。

本章包含以下贡献：首先，我们对影响学生成绩预测的因素和预测模型做了详细的介绍；其次，我们调查和总结教育大数据的应用；最后，我们讨论教育大数据几个开放性的问题和存在的挑战。

1.5　教育大数据预测

不断涌现的教育大数据被认为是大数据研究领域的重要来源之一。教育机构的决策者非常关注能从原始教育数据中识别和提取哪些有意义的知识。在学生入学后，跟踪和预测学生的学习成绩是非常重要的，能够为确保学生按时毕业提供有效的帮助。例如，如果教师能够及早识别学习异常的学生或是可能辍学的学生，那么教师就能为学生提供必要的帮助，提高学生的及格率，避免出现辍学的学生。有大量的文献研究预测高等教育阶段学生学业的成绩。

1.5.1 影响学生成绩的因素

一般来说，学生学业成绩的综合预测模型会考虑影响一个人成绩变化的大多数因素。换言之，学生学业成绩的预测模型与影响学生成绩的因素直接相关，因此，我们在这部分重点关注这些因素。这些因素分为以下四类：（1）学生在过去考试中的得分；（2）学习行为属性，包括学生的学习过程、学习表现、学习任务的完成情况等；（3）固有属性，包括学生种族、性别、家庭、出勤率情况等静态属性；（4）心理健康。针对不同阶段（如中小学、大学）和不同的学习方式（如线上学习、线下学习），研究方法和过程也不同。表 1.1 显示了影响学生学业成绩表现的因素及其参考文献。

表 1.1　影响学生成绩的因素及其相关文献

类别	历史评分	学习行为	内部属性	心理状态
定性的数据	[11]	[11] [12] [14]	[11] [13] [14] [15]	[11] [14] [13]
定量的数据	[13] [16] [5] [17] [14]	[13] [16] [5] [17] [18] [19] [12] [5]	[15]	

如果分析得当，这些因素可以在用于识别机会和促进教育机构变革的

预测模型中发挥重要作用[20]。如果设计得当，预测模型可用于探索学生的学习轨迹，以促进师生互动并改善学习成果。

学生成绩的历史得分是预测学生成绩的重要因素。常用于预测学生成绩的八类特征如下：（1）性别：男、女；（2）小组工作态度：积极、冷漠、消极；（3）对数学的兴趣：有兴趣的、冷漠的、不感兴趣的；（4）成就动机：高、中、低；（5）自信心：高、中、低；（6）害羞：外向、中等、内向；（7）英语成绩：满意以上、满意、满意以下；（8）数学成绩：满意以上、满意、满意以下[21]。以下三类特征：分数（历史分数），人口学（性别、种族、免费膳食、天才和特殊教育），行为（缺勤天数、停学数和纪律事件数）也被用于预测学生成绩[13]。在这些特征中，大多数特征都是可以量化的。

此外，现有的一些预测方法仅使用历史分数进行预测。斯威尼等根据一所公立大学（乔治梅森大学）2009—2014 年夏季、秋季和春季学期的历史成绩数据，预测了下学期每个学生在课程中的成绩[16]。他们的实验表明，分解机器模型可以实现最低的预测误差。迈尔等根据学生的早期表现预测他们的最终成绩，如家庭作业、测验或期中考试[5]。徐等构建了一个特征向量，包括高中平均学分绩点（GPA）、SAT 分数、平均成绩和数学、化学、物理等 10 门课程的总学分[17]。他们发现最显著的特征在各个季度有所不同，具体如下：（1）SAT 成绩比高中成绩更重要；（2）课程成绩比学分更重要；（3）在最后一个季度，高级设计是最重要的。通过以上几项研究可以看出，历史分数是预测学生学习成绩的一个非常重要的特征。

学生行为是预测学生学业成绩的另一个重要因素。目前，视频观看行为被广泛应用于学生成绩预测。布林顿等[18]在两个大型开放在线课程中调查了学生观看视频的行为和测验表现。他们由此提出了两种框架：一种是基于创建的事件顺序，另一种是基于位置的顺序。他们的实验结果表明，一些学生的行为有助于提高预测质量。杨等[19]使用过去的测验表现、点击流输入数据的组合来构建慕课的预测模型。该模型包括以下特征：（1）完成部分：学生播放视频的百分比；（2）花费的分数：学生在视频上暂停的时间；（3）播放的分数：学生播放视频的时间量；（4）部分暂停：学生花在视频上的暂停时间；（5）暂停次数：学生暂停视频的次数；（6）平均播放率：播放速率的时间平均值；（7）播放速率的标准差：所选播放速率的标准偏差;（8）倒带次数：学生在视频中向后跳的次数。他们的实验表明，可以将观看视频的点击流事件用作学生学习成绩预测，这些特征能够提高预测的准确性。

陈等[12]定义了几个学习特征，如内容特征、社交学习网络特征和时变特征。内容特征总结了学生的学习行为事件，包括八种不同的类型：播放、暂停、跳过、滚动、笔记、书签、窗口和进入。最大化内容文件时会发生窗口最大事件。当学习者进入播放器中的单元时，会发生进入事件。社交学习网络特征表示学生在社交学习网络中的互动,包括发帖、回放和投票。时变特征表示课程从第一天到第 n 天的使用行为。此外，还使用其他学生活动行为来预测学生的学业成绩，如论坛活动、购物行为和学习行为。邱等[22]整合学生的人口统计数据、论坛活动和学习行为，构造了学生的潜在的动态因子图。他们对学生的人口统计数据，在论坛、视频和作业过程中学习的活动模式进行了深入分析。张等[23]构建了一个行为集，包括早餐（在食堂吃早餐）、午餐（在食堂吃午餐）、晚餐（在食堂吃晚餐）、购物（在学校商店购物）、锻炼（在健身房锻炼）、治疗（去学校医院）、购买资料（购买学习资料）、图书馆入口（图书馆门禁标识）、办卡服务（申请办卡服务）、校车（乘坐校车）、宿舍门禁（宿舍门禁标识）。阿什拉夫等[14]基于六个评估维度预测学生学习成绩，包括学生人口统计信息（年龄、性别、地区、居住地、监护人信息），以前的成绩（已通过的证书、奖学金和成绩），成绩（最近的所有评估结果、测验、期末考试），社交网络详细信息（与社交媒体网站的互动），课外活动（游戏分区、运动、爱好）和心理测量因素（行为、缺席、言论）。他们的实验结果表明，学生行为可以提高预测学生学习成绩的准确性。

学生的内在属性也被用来预测学生的学业成绩。学生的内在属性主要是指学生在初次进入新的学习环境时已经具备的属性，如性别、年龄、种族等，以及一些个性化的属性，如背景、家庭经济条件、教育等[14]。乌丁和李[15]利用学生属性和社交网站的属性来预测学生的学业成绩。在实验中用到的学生属性如下：GPA、分数、以前的年级、语言、年龄、以前的学位水平、以前的学位领域、智商、以前的住房、未来的住房、家庭规模、经济状况、奖学金、全日制状态、专业变化、阅读能力、写作能力、口语能力、返校生及辍学。社交网站属性如下：婚姻状况、五因素模型、元宇宙、推特（Twitter）、友好度、写作活动、点赞活动等。他们的实验结果表明，学生的内在属性在学生学习成绩预测模型中能够提高预测的准确性。

学生的心理因素也被用来预测学生的学业成绩。从学习者的行为输入类型来看，参与、坚持、专注等外在行为表现也是内在情绪状态的反映。因此，除了特定的行为，学生在学习过程中表现出的情绪状态也是一个对学生学业成绩有很强预测能力的因素[4]。有研究表明，对学习最持久和负面的影响是疲倦的情绪状态，而挫折对学习的负面影响并不显著。在他们的研究中，学习的情绪状态分为六类：疲倦、挫折、灌注、专注、快乐和惊讶。承受压力和应对挑战的能力也被用来预测学业成绩[21]。

1.5.2　预测模型

预测学生学业成绩的模型可分为两类，一类为特征驱动的预测模型；另一类为生成的预测模型。在上一小节中，我们介绍了影响学生学业成绩的特征。在本小节中，我们将重点介绍其预测方法。表 1.2 显示了与预测模型相关的文献。根据表 1.2，我们可以观察到，与生成预测模型相比，研究人员开发了更多的特征驱动预测模型来预测学生的表现。

表 1.2 预测模型相关的文献

类型	算法/方法	文献
特征驱动的预测模型	线性回归	[11][24]
	逻辑回归	[5][14]
	最近邻	[14][12][25]
	提升	[26]
	分解机	[5]
	梯度提升	[25]
	随机森林	[26][27][25]
	线性判别分析	[25]
	神经网络	[19][25][28]
	集成学习	[17]
	深度学习	[29]
	概率混合	[18]
	动态因子图	[5]
	密钥图	[30]
	决策表	[13]
	决策树	[31][27]
	支持向量机	[24][5][25][12]
	随机概率	[15]
	关联规则挖掘	[32]
	正则化多任务学习	[23]
生成的预测模型	贝叶斯网络	[21][27]
	朴素贝叶斯	[14][27]
	生成的分类	[33]

1.5.2.1 特征驱动的预测模型

在特征驱动的预测模型中，最重要的就是特征选择和模型选择，如

图 1.1 所示。根据图 1.1，我们能观察到，特征驱动的预测模型主要包括数据输入、模型及数据输出。在做学生成绩预测研究中，数据输入主要包括学生以往取得的成绩，学生行为如日常消费、学习、社交，学生固有属性如籍贯、性别、学历，以及学生心理状态等特征。模型部分，主要包括模型训练和模型测试。在模型训练阶段，包括特征选择和机器学习算法的选择。特征选择主要利用学生相关的特征，即数据输入所提及的特征。所选用的机器学习算法主要包括神经网络、支持向量机、深度学习、线性回归及 XGBoost 等。在模型测试阶段，主要将新数据输入构建的模型中。数据输出就是模型训练要得到的输出结果，即预测的学生成绩。特别需要说明的是，在特征驱动的预测模型中，关键特征和模型的选择对预测效果来说至关重要。

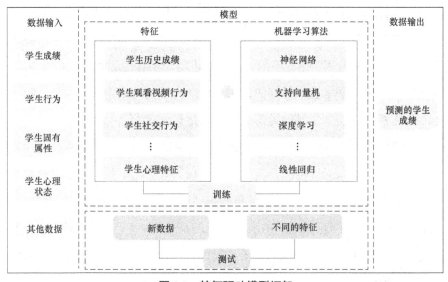

图 1.1　特征驱动模型框架

　　杨等[19]提出一个预测课程成绩的方法，该方法所用的特征主要是慕课行为特征，选用的机器学习算法为时序的神经网络。他们研究发现，基于时序的神经网络算法优于基线算法，单击流输入特征是一个非常重要的特征。神经网络模型也被用于预测工程学生的学业成绩，主要考虑以下特征：学生身份号码、性别和先前的成绩[28]。除了使用神经网络模型，陈等[12]考虑其他五类分类器：最近邻[25]、支持向量机[34]、线性判别分析[35]、随机森林[36]及 XGBoost[37]去预测在线课程的学习结果。

以上提及的机器学习算法因预测任务不同而表现出不同的预测能力。例如，就战胜有毒物质员工短期课程数据集而言，XGBoost 预测精度高于其他五种算法，其精度达到 0.915 左右。然而，对于有效沟通技巧课程数据集，SVM 算法的预测精度最高。尽管他们的方法依赖于基于行为的机器学习特征，但他们获得了很高的预测能力。类似地，模型树[38]、神经网络[39]、线性回归[40]、局部加权线性回归[41]和 SVM[24]被用于预测学生成绩。SVM 和 K 近邻算法通常被用作基线算法。在该文献中，他们开发了一种新的 EPP 算法，该算法采用集成学习技术并利用教育特定领域的知识来预测学生成绩。该预测算法采用双层结构，包括一个基层和一个集成层。基层的预测器，其目的是根据学生在基层的学业状况进行局部预测。集成层的预测器，其目的是在每个季度进行最终的预测。此外，他们的实验结果表明，特征驱动的方法可以为学生导师提供有价值的信息，这些信息对向学生推荐课程是有帮助的。邱等[22]提出了一个潜在动态因素图（LadFG）模型，将学生的人口统计、论坛活动情况及其学习行为纳入一个统一的框架，以预测每个学生的学习成绩。他们的实验结果验证了潜在动态因素图模型的有效性。就 ROC 曲线下与坐标轴围成的面积（AUC）、召回率（Recall）和 F1 分数而言，LadFG 模型的预测性能优于逻辑回归（LRC）、SVM 和因子分解机（FM）模型[42]。塔姆哈尼等[13]将三类特征集成到决策树、决策表和逻辑回归模型中。他们的实验结果表明，决策树获得了最高的预测准确率，高达 93.3%。此外，决策树也被用于预测学生成绩[43]。之前的研究人员提出解决学生成绩预测问题的一些框架。

斯利姆等[11]提出一个预测学生成绩的框架，该框架主要采用线性回归和马尔科夫模型。乌丁和李[15]提出一个有监督学习框架，主要采用随机概率模型,其目的是预测学生成绩。张等[23]也提出一个预测学生成绩的框架,此框架主要利用学生行为模式。他们首先建立学生行为模式,然后利用一个正则化的多任务模型预测学生成绩。他们研究发现,一些学生的日常行为与学生学习成绩具有非常高的相关度,这些日常行为包括购物、在食堂吃饭的时间、离开宿舍时间等。韦拉曼尼卡姆等[44]提出一个映射–规约框架,该框架主要基于聚类和神经网络,其目的也是用于预测学生成绩。在训练阶段,他们首先获得了来自不同学院的学生的分数,并将这些分数应用于映射函数。然后,他们使用映射函数去选择特征和获得中间结果数据,这些中间结果将用于聚合函数。最后,就产生了训练模型。在测试阶段,将获得学生的预测成绩。

此外,图技术和关联规则也被用于预测学生成绩。维尔马等[32]使用基于模糊关联规则挖掘的模型预测学生的学习成绩。他们研究表明,模糊关联规则挖掘算法可以提高预测学生成绩的有效性。王和李[30]构建了一个关键图模型去预测学生成绩。布林顿等[18]基于概率图模型抽取学生观看视频行为的特征,该模型最重要的假设是每个子序列都包括两个部分,一个是与位置相关的模体模型,另一个是与位置无关的背景模型。模体提取可以模拟为最大似然估计和基于最大化的算法,以获得序列数据和潜在变量。

1.5.2.2　生成的预测模型

与特征驱动的学生学业成绩预测模型相比,生成的模型更难获得。生成的模型一个优点是可以用于缺失数据。生成的预测模型通常使用朴素贝叶斯、贝叶斯网络和马尔可夫随机场[12]。贝克莱和门泽尔[21]使用贝叶斯网络预测学生成绩。阿什拉夫等[14]使用决策树、可替代的决策树、多层感知器算法、逻辑回归、支持向量机、K 近邻和朴素贝叶斯算法预测学生成绩。他们的实验结果表明,特征驱动预测模型的预测能力在准确性方面优于朴素贝叶斯,后者是一种生成模型。在他们的模型中,可替代的决策树的准确率最高,成功率达到 97.3%。排名第二的是 K 近邻算法,其准确率约为

96.9%。朴素贝叶斯的预测准确率最低，约为 77.0%。塔姆哈尼等[13]也使用朴素贝叶斯预测学生成绩，预测的准确性介于 0.702～0.744。

1.5.3 评价指标

在本小节中，我们介绍几种评估指标来验证学生成绩预测模型的有效性，包括准确性、精度、F–度量、召回率、AUC、平均绝对误差和均方根误差。表 1.3 显示了使用这些指标的参考文献。

表 1.3 不同评价指标对应的参考文献

评价指标	参考文献
准确性	[23][14][5][12][44]
精度	[23][5][44]
F–度量	[14][15][50][61]
召回率	[14][15][17][19][44]
AUC	[5][23][13][12][44]
平均绝对误差	[31][44]
均方根误差	[19][29][31]

1.6 教育大数据应用

本节介绍教育大数据在高校教育中的重要应用，主要包括以下三方面的应用：（1）预测，如异常学生预测、学生成绩预测及就业预测等；（2）推荐，如推荐课程、推荐导师及推荐学习场所等；（3）评价，如学生学业评价、教师科研评价及教师教学评价等。以上提及的教育大数据应用均可在教育大数据平台上运行。

图 1.2 显示了教育大数据框架，包括数据源层、数据收集与交换层、中

央存储层、数据服务层和应用层。数据源层包括存储在系统每个单元中的数据和互联网数据，这些数据是数据分析的基础。只有将这部分数据收集并存储在中央存储中，才能实现大数据分析功能。教育大数据是通过各种教育实践活动生成的，包括在线数据和离线数据。教育活动主要包括校园环境中的教学活动、管理活动、科学研究活动和校园生活，以及家庭、社区、博物馆和图书馆等非正式环境中的学习活动。在线学习主要基于搜索和查询、学习平台及视频会议等。线下学习主要依靠传统课堂教学。因此，教育大数据的采集也包括在线采集和离线采集。数据收集与交换层的主要功能：（1）从数据源层收集数据，并将数据处理为标准格式，以便存储在中央存储中。（2）每个单元都有多个系统，这些系统之间的信息无法共享，成为制约信息技术发展的瓶颈。数据交换解决了信息孤岛的问题。数据交换定义了应用程序系统之间数据交互的转换标准。它根据转换标准将中央存储库的数据转换为相应的应用程序系统。（3）由于数据的某些格式不断变化，因此无法转换为固定模式。这些数据可以通过手动导入存储在中央存储中。互联网上的一些数据有利于教育大数据搜索，可以由网络爬虫收集。

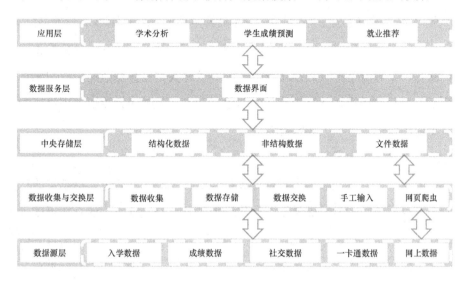

图 1.2 教育大数据应用框架

在传统教育中，学校面临着以下主要问题和挑战：现有学生的心理是否难以理解，学生的异常行为是否难以预防，学习情况是否不可预测，学生的辅导是否缺乏方向。教育大数据为解决上述问题提供了机会。通过对学生日常活动产生的数据进行深入分析，准确描述学生个人或特定群体的基本信息、学习、生活、社会等实际情况，来揭示学生个人或特殊群体的成长情况。在此基础上，对个人或特定群体进行准确的预测和警告。教育大数据挖掘可用于发现数据中的模式。通过挖掘数据的价值，教育大数据可以为相关职能部门的教学管理提供量化决策依据，有效地指导学生健康成长。利用教育大数据，所有学生管理者都可以实时感受和预测所有学生的心理、学习和习惯，为学生提供精确、智能的服务。此外，学生家长还可以了解孩子在学校的学习和生活状况。当他们的孩子有异常行为时，学生家长可以及时干预[45]。

1.6.1 预测

目前，学生的心理问题已成为高校和社会日益关注的问题[46]。其中一个原因是，有心理问题的学生可能会作出异常行为，如自杀[27]或攻击行为。教育大数据预测研究可以避免上述问题。研究人员还可以通过分析学生的日常行为来确定学生是否存在异常行为。教育大数据预测研究可以用来预测学生的学业成绩，从而指导学生的学习行为。此外，预测研究还可以为学生提供就业警告和失业警告[47]。

1.6.1.1 异常行为警告

异常行为预警是教育大数据的重要应用。一方面，通过分析学生的行为，可以找到行为异常的学生。异常行为预警能够根据学生的生活规律、工作习惯、学生的工作干扰、行为异常等，为学生及时提供有效的指导。另一方面，抑郁学生和潜在抑郁学生也可以被检测出来。基于准确描述个别学生或特定群体的基本信息、学习、生活、社会和实际状况，对校园孤独学生进行智能定位和引导，以摆脱孤独，预防抑郁。

葛等[48]提出了一种基于 Hadoop 的大学生行为预警决策系统，在该系统中学生的行为数据被跟踪。他们主要构建了一个基于学生肖像特征的矩阵，将学生与学生中心的异常偏差隔离开来，为学生提供预警。科巴拉加德和马哈蒂克[49]检测学生异常行为，及时防止学生辍学。博伊森等[50]指出，这些"触发警告"与学生的异常心理高度相关。奥康纳等[51]研究了行为方法系统和行为抑制系统，主要针对大学生饮酒、吸烟和赌博行为进行研究。他们发现，与赌博相比，行为方式系统敏感性的不同组成部分对酗酒和吸烟有贡献。

1.6.1.2　学生成绩预测

学生成绩预测是一项新颖的研究，被认为是教育大数据研究的一个重要应用。实际上，学生成绩预测研究已经吸引了世界各国学者广泛的关注。尤其最近，学者们对此进行了大量的研究。这些学者实时跟踪学生的学习行为轨迹和学生在学校的行为。通过分析学生在学校的行为，如学生借书情况、在校时间、进出食堂时间等，建立了学生学习行为模型，目的是根据学生成绩的预测结果对学生进行实时的预警。关于学生成绩预测相关的重要内容在本章 1.5 节有详细介绍。

1.6.1.3　就业预警和失业预警

考虑到就业压力越来越大，传统的就业管理工作反映出大学生和用人单位在求职和招聘过程中存在信息丢失和效率低下的问题，基于现有的高校学生数据，探索学生属性的特征，准确地表示学生。构建基于学生和用人单位的通用知识图谱，用来探索学生知识属性的特点。学生就业可分为较好的就业、一般就业、较差的就业或失业。教育大数据预测研究能够为学生、高校和用人单位提供有价值的信息，帮助毕业生做好就业指导，高校可根据教育大数据预测结果，为毕业生做好就业预警。

卡塞尔[52]构建了一个失业预警系统，该系统主要依据高校学生自主学习反馈指南。张和兰瓜拉[53]通过开发一种迭代逻辑回归方法来预测有失败或辍学风险的学生，提供失业警告，从而解决了早期预测的挑战。

1.6.1.4　贫困学生精准资助

准确定位贫困学生，进行精准贫困资助，在高校学生管理中是一项非常重要的工作。让真正贫困的学生，都能安心上学。客观、动态、多维的教育大数据集成是实施"精准资助"的基础。核定贫困学生的依据如下：（1）学生的基本家庭信息，包括学生家庭成员、家庭成员就业单位、成员学历、家庭年收入、债务金额等基本家庭信息。（2）历史资助的信息，收集学生过去收到的资助信息。为贫困学生建立一个基本数据库，目的是检查学生是否获得资金、资金数额和财务困难等。（3）学校消费数据，包括食堂、超市、网上购物、话费、网费等。（4）学生获取资助后，关于消费习惯变化的数据信息，如获得资金后的冲动消费和大额消费数据。（5）跟踪学生对他人的客观评价，这些信息主要来源于辅导员和周围学生，将收集的学生日常评价，转化为定量数据。通过以上数据的收集和处理，智能评估学生的贫困水平，真实地了解学生的贫困状况，识别低收入学生，客观全面地帮助贫困学生，提供精准资助。

1.6.2　推荐

推荐系统在电子商务、社交网站、旅游、外卖等服务平台中非常流行，其功能主要为用户推荐一些物品、交友、规划路线及食物等。有针对性的推荐服务，可以帮助用户发现信息，并在不需要学习判断特定项目的情况下帮助用户作出明确的选择。推荐系统是根据用户的偏好从大量信息中筛选出个性化信息，为其进行有效推荐。例如，根据客户的口味和偏好，为其提供有价值的建议，并为他们发现合适的新事物。最近，推荐系统已被引入教育领域，成为教育大数据的一个重要应用。此前，研究人员对学生的推荐系统类型进行了大量研究。

学生相关的推荐，主要包括以下三个方面：课程、导师和就业。推荐课程对大学生是非常有帮助的。例如，根据学生本人之前掌握的相关课程和就业单位所选人才必备的技能进行合理的课程推荐，避免学生盲目学习。学生知道这些课程会为其就业提供帮助，学生在学习态度上也将会变得更认真、更努力。萨辛等[54]为每个学生提出了一个课程推荐系统，该系统根据学生以前的学习成绩以及和其相似的学生的经验，帮助学生更好地选择课程。埃尔巴德爱乌依等首先调查了学生和学术课程的特征是如何影响学生入学模式的。其次，他们使用上述特征来定义学生和课程组。最后，基于邻域用户协同过滤、矩阵分解和排序方法，他们构建了课程推荐模型。索贝基[55]对几种智能推荐课程的算法进行了比较，结果表明，不同算法有不同的优势。

为学生推荐导师是教育大数据的一个重要应用。对于本科毕业后想要去其他高校读研究生的同学来说，选择一所合适的大学和一个合适的老师是非常重要的。然而，学生可能对校外导师知之甚少，无法作出正确的决定。通过推荐导师平台，学生将能够找到适合自己的学校和导师，该平台能够考虑导师的专业知识和学生的研究兴趣，给予学生相应的推荐。刘等[56]研究发现，在计算机科学领域，导师的学术水平和其研究生的研究成果存在一定的相关性。此外，他们还发现，随着时间的推移，导师的学术研究会呈现最初持续上涨，再到平稳，最后下降的趋势。因此，推荐导师对学生来说是非常重要的。延加等[57]提出了一种新的方法，该方法根据学生的各个方面的数据，预测该学生在大学的研究生学习情况。他们旨在通过考试成绩如 GRE、研究经验和工作经验等，为准备读研的学生提供适合自己的顶尖大学的名单。

对于毕业生来说，找到一份适合自己的工作是非常重要的。然而，这对大学生来说尤其困难，因为他们没有任何工作经验，也不熟悉就业市场。为解决学生在就业方面存在的信息过载的问题，建立一个学生就业推荐系统是非常有必要且有价值的。此外，对于企事业单位来说，招聘优秀的员工不仅可以促进企事业单位的迅猛发展，而且这些招聘来的员工可能成为企事业单位最宝贵的资产。因此，在教育大数据的背景下，利用现有的高校学生数据，为毕业生进行就业推荐具有重要意义。刘等[58]提出了一个基于学生特征的排名框架，依据学生自身的特点，为他们推荐了一份潜在工作的清单。此外，可以补充已经录入的推荐的招聘单位，对就业推荐列表进行重新排序。此外，还可以为学生推荐选修课的教师、兴趣协会、社交活动等。

1.6.3　评价

在一些领域，评价是强制性的，包括内部评价和外部评价。评价在教育领域也发挥着巨大作用。教育评价始终是对学生具体行为或活动结果作出的有价值的判断。教育评价能够最大限度地让学生了解自己，让家长了解自己的孩子，最终实现行为塑造。在学校教育中，评估是帮助学生及时发现自己优点和缺点的有效手段。在教育大数据背景下，教育评价主要包括学生评价和教师评价。如果学生的评价工作做得好，学生干部选举、奖学金分配和就业都将从中获益。一般来说，教师评价主要包括教学和科研两部分。值得一提的是，学生评价主要评价学生过去的学习成绩、心理和行为，而学生预测主要关注学生在各个方面的未来状况。

1.6.3.1　学生评价

学生评价一般包括以下几个方面：（1）学生学业成绩的评价。在教育系统中，一些经典的学生绩效评估技术已经被采用。然而，学生的学业表现取决于考试结果，并且只通过两种方式进行评价，即成功和失败。葛克曼等[59]提出了一种新的基于模糊逻辑系统的性能评估方法。该评估方法与经典技术相比，由于其使用模糊逻辑进行性能评估，所以更具有灵活性，并提供了许多评估选项。曼妮奇和沈[60]提出一种数据驱动的模糊规则归纳学生学习成绩的评估方法。德赛和斯特凡内克[61]发现，使用问答技巧可以在学生之间、学生和教师之间创造更多的互动体验，并减少作业剽窃的可能性。（2）学生心理评价。近年来，由于心理问题导致的学生离家出走和自杀的发生率上升，对社会产生了负面影响，不利于学校的稳定发展。在大数据技术背景下，高校应积极整合各个领域的数据，实现学生相关数据的整合，努力在心理健康教学、心理健康促进、危机干预、心理咨询等方面提供更有针对性的服务，促进高校持续稳定地发展。迪西等[62]探索学生心理困扰（一般健康问卷）、应对过程（应对方式问卷）和生活方式行为问卷，该研究对象为爱尔兰一所大学的教育学生。（3）学生行为评价。盖格尔[63]提出了一种方法，通过使用大量开放在线课程的点击日志数据，自动发现学生的行为模式，因为日志记录在学习管理系统中。帕帕斯等[64]使用复杂理论来研究刺激学生继续学习的因素的因果模式。此外，他们确定了包括动机和学习绩效在内的一些基本因素，并提出了一个包含研究命题的概念模型。

1.6.3.2　教师评价

教师评价主要包括以下三个方面：（1）教师科研评价。基于教育大数据，教师的科学研究可以被量化。此外，还可以监控教师的科研进展。特别是，利用教育大数据平台可以监督教师的科研经费，有效评估教师的科研价值。对此，有很多相关的研究。（2）教师教学评价。根据教育管理系统、网络教学平台、学术管理系统、借书系统、卡片系统等现有的教育大数据，对教师行为进行深入分析。对高校教师的教学质量和教学效果进行综合评价和可视化，使教师的教学评价更加科学合理。高等教育机构使用学生教学评估（SET）来评估课程和课程质量。欧恩等[65]使用 Rasch 模型和验证性因素分析评估教师评价。学生对教师教学评价的评级可用于评估教师的教学效果，其依据是普遍认为学生可以从高评级的教师那里学到更多的知识[66]。然而，他们最新的研究成果表明，学生对教师教学的评分与学生学习之间没有显著的相关性。(3)教师基本评价。与传统高校的教师评价指标设计和数据采集相比,在教育大数据的支持下,可以进行更详细的指标设计和信息采集。同时,在基于教育大数据的高校教师绩效管理中,可以横向比较教师绩效。

1.7 挑战性的问题

1.7.1 开放的教育大数据

教育大数据已经引起了国内外教育机构和研究人员的广泛关注。教育大数据不仅为学生提供各种精确的服务,还指导教育决策者制定教育政策。尽管有许多开源的大规模教育数据集供研究使用,但进一步共享教育数据集是必要的,为提高教育质量,推动科学的教育政策提供帮助。其中两个重要的原因如下所述:(1)大学可以通过共享优质教育资源来提高教育质量;(2)通过分析海量的教育大数据,可以挖掘更多的潜在知识,以提高高校管理的准确性和帮助作出合理科学的决策。由于存在复杂的教育大数据系统及数据安全和隐私等问题,大学之间共享教育大数据变得更具挑战性。进一步开放教育大数据,可以帮助和促进教育转型,实现为校园师生提供方便、高效、精准服务的目的。

1.7.2 教育大数据平台

在传统教育系统中,教育机构的不同职能部门根据各自部门的需求建立了独立的数据平台,这样就形成了数据孤岛。整合各种校园管理系统,构建统一的教育大数据服务系统,是一项具有挑战性的任务。基于教育大数据平台,研究人员可以建立不同职能部门数据的相关性,深入分析这些相关性，构建不同的模型，为教师和学生提供服务，如教育大数据的搜索、分析和可视化等。此外，教育大数据平台的建设需要考虑通用性和个性化，避免不同教育机构的重复建设，造成资源浪费。根据个别教育机构的特点，构建个性化的教育大数据是一项具有挑战性的任务。

1.7.3　学生行为预测分析

在学生行为预测研究中，国内外研究人员经常使用三类数据：学生的固有属性数据，包括学生的种族、性别、家庭和入学分数；学生行为属性数据，包括学习过程中的学习表现、学习任务完成情况、在线消费和生活习惯等；学生的心理属性数据，包括学生的积极心理和消极心理，他们的心理健康状况是否健康。这些数据不仅体积大、结构复杂，而且与数据的关系也需要进一步研究。基于这些数据，构建学生行为的预测模型是相当困难的。此外，针对小学、中学和大学等不同阶段的学生，这些预测行为模型需要有针对性地构建，因此需要不同的模型来满足不同的教育机构。多样化和准确的预测模型已成为教育机构的迫切需要。

1.7.4　知识图谱构建

研究人员可以通过课程网页、在线文献和主题数据获得明确的知识。根据显性知识，研究人员可以利用网络科学和机器学习，通过属性计算、关系计算、实例计算等方式获取隐性知识。在教育大数据领域，以下这些问题都是有待解决的问题。例如，基于所获得的知识，如何通过知识融合获得一系列基本事实表达？如何处理该知识？如何关联数据？如何构建一个多异构和不断演化的教育知识网络？如何将教育网络存储在基于图形的数据库中？如何利用可视化技术在图形数据库中以图形的形式显示教育知识图谱？如何使用教育知识图谱去完成搜索、统计和分析数据的任务？

1.7.5　隐私威胁和合法保护

在推广教育大数据应用的过程中，识别教育大数据的安全和隐私泄露风险，建立完善的数据安全管理和隐私保护体系，已成为许多国家关注的焦点。教师和学生的身份证号码、家庭出身、家庭收入、身体缺陷等都是私人的，这些数据应该受到保护。然而，学校办公自动化管理系统、教务管理系统和学籍管理系统都存在安全隐患。因此，为了确保教师和学生的隐私在教育大数据研究中不受损害，教师和学生隐私需要受到法律和行业道德的约束。

1.8　本章小结

在本章，我们对教育大数据的预测、应用与挑战进行了全面的研究。关于教育大数据的预测，我们重点介绍了学生成绩预测，将预测模型进行了详细的分类，总结了影响学生成绩预测的关键因素。关于教育大数据应用，重点关注在预测、推荐和评价中的应用。教育大数据是一个相对年轻和新兴的研究领域，仍然存在许多挑战。为了了解学生行为，构建教育大数据平台，保护教师和学生的隐私，需要对教育大数据做进一步研究。

参考文献

[1] WANG D，SONG C，BARABÁSI A L. Quantifying long-term scientific impact[J]. Science，2013，342（6154）：127-132.

[2] SHU J，WANG X，WANG L，et al. 2017 IEEE 2nd International Conference on Cloud Computing and Big Data Analysis（ICCCBDA），June 19，2017[C]. IEEE，2017.

[3] NIE M，YANG L，DING B，et al. Asia-Pacific Web Conference，September 23-25，2016[C]. Springer，2016.

[4] BAKER R S J，D'MELLO S K，RODRIGO M M T，et al. Better to be frustrated than bored：The incidence，persistence，and impact of learners' cognitive-affective states during interactions with three different computer-based learning environments[J]. International Journal of Human-Computer Studies，2010，68（4）：223-241.

[5] MEIER Y，XU J，ATAN O，et al. 2015 IEEE International Conference on Data Mining，November 14-17，2015[C]. IEEE，2015.

[6] BEEMER J，SPOON K，HE L，et al. Ensemble learning for estimating individualized treatment effects in student success studies[J]. International Journal of Artificial Intelligence in Education，2018，28（3）：315-335.

[7] SHINGARI I，KUMAR D，KHETAN M. A review of applications of data mining techniques for prediction of students' performance in higher education[J]. Journal of Statistics and Management Systems，2017，20（4）：713-722.

[8] HOU J，PAN H，GUO T，et al. Prediction methods and applications in the science of science: A survey[J]. Computer Science Review，2019，34：100197.

[9] ELBADRAWY A，POLYZOU A，REN Z，et al. Predicting student

performance using personalized analytics[J]. Computer, 2016, 49 (4): 61–69.

[10] CONIJN R, SNIJDERS C, KLEINGELD A, et al. Predicting student performance from LMS data: A comparison of 17 blended courses using moodle LMS[J]. IEEE Transactions on Learning Technologies, 2017, 10(1): 17–29.

[11] SIIM A, HEILEMAN G L, KOZLICK J, et al. Proceeding of 2014 13th International Conference on Machine Learning and Applications, December 03–06, 2014[C]. IEEE, 2014.

[12] CHEN W, BRINTON C G, CAO D, et al. Early detection prediction of learning outcomes in online short-courses via learning behaviors[J]. IEEE Transactions on Learning Technologies, 2018, 12 (1): 44–58.

[13] TAMHANE A, IKBAL S, SENGUPTA B, et al. Proceedings of the 20th ACM SIGKDD International Conference on Knowledge Discovery and Data Mining, August 24–27, 2014[C]. ACM, 2014.

[14] ASHRAF A, ANWER S, KHAN M G. A comparative study of predicting student's performance by use of data mining techniques[J]. American Academic Scientific Research Journal for Engineering, Technology, and Sciences, 2018, 44 (1): 122–136.

[15] UDDIN M F, LEE J. Proposing stochastic probability-based math model and algorithms utilizing social networking and academic data for good fit students prediction[J]. Social Network Analysis and Mining, 2017, 7(1): 1–21.

[16] SWEENEY M, LESTER J, RANGWALA H. Proceeding of 2015 IEEE International Conference on Big Data, Oct. 29–Nov. 01, 2015[C]. IEEE, 2015.

[17] XU J，HAN Y，MARCU D，et al. Thirty-First AAAI Conference on Artificial Intelligence，February 4–9，2017 [C]. AAAI Press，2017.

[18] BRINTON C G，BUCCAPATNAM S，CHIANG M，et al. Mining MOOC clickstreams：Video-watching behavior vs. in-video quiz performance[J]. IEEE Transactions on Signal Processing，2016，64（14）：3677–3692.

[19] YANG T Y，BRINTON C G，JOE-WONG C，et al. Behavior-based grade prediction for MOOCs via time series neural networks[J]. IEEE Journal of Selected Topics in Signal Processing，2017，11（5）：716–728.

[20] IAM-ON N，BOONGOEN T. Improved student dropout prediction in Thai University using ensemble of mixed-type data clusterings[J]. International Journal of Machine Learning and Cybernetics，2017，8（2）：497–510.

[21] BEKELE R，MENZEL W. A Bayesian approach to predict performance of a student（BAPPS）：A case with Ethiopian students[J]. Algorithms，2005，22（23）：24.

[22] QIU J，TANG J，LIU T X，et al. Proceedings of the Ninth ACM International Conference on Web Search and Data Mining，February 22–25，2016[C]. ACM，2016.

[23] ZHANG X，SUN G，PAN Y，et al. Students performance modeling based on behavior pattern[J]. Journal of Ambient Intelligence and Humanized Computing，2018，9（5）：1659–1670.

[24] KOTSIANTIS S B. Use of machine learning techniques for educational proposes：A decision support system for forecasting students' grades[J]. Artificial Intelligence Review，2012，37（4）：331–344.

[25] LEE Y. Handwritten digit recognition using k nearest-neighbor，radial-basis function，and backpropagation neural networks[J]. Neural Computation，1991，3（3）：440–449.

[26] AMRIEH E A, HAMTINI T, ALJARAH I. Mining educational data to predict student's academic performance using ensemble methods[J]. International Journal of Database Theory and Application, 2016, 9（8）: 119–136.

[27] KEEFE K M, SIZEMORE S, HAMMERSLEY J, et al. Recent sexual assault and suicidal behaviors in college students: The moderating role of anger[J]. Journal of College Counseling, 2018, 21（2）: 98–110.

[28] ARSAD P M, BUNIYAMIN N. Proceeding of 2013 IEEE International Conference on Smart Instrumentation, Measurement and Applications （ICSIMA）, Nov. 25–27, 2013[C]. IEEE, 2013.

[29] FOK W W T, HE Y S, YEUNG H H A, et al. Proceeding of 2018 4th International Conference on Information Management（ICIM）, May. 25–27, 2018[C]. IEEE, 2018.

[30] WONG G K W, LI S Y K. Proceeding of 2016 IEEE 40th Annual Computer Software and Applications Conference（COMPSAC）, Jun. 10–14, 2016[C]. IEEE, 2016.

[31] JOSHI D. Prediction of study track using decision tree and aptitude test[J]. International Journal of Engineering Science, 2014, 4（5）: 37–40.

[32] VERMA S K, THAKUR R S. Fuzzy association rule mining based model to predict students' performance[J]. International Journal of Electrical & Computer Engineering, 2017, 7（4）: 2223–2231.

[33] DAUD A, ALJOHANI N R, ABBASI R A, et al. Proceedings of the 26th International Conference on World Wide Web Companion, April 3–7, 2017[C]. Conferences Steering Committee, Republic and Canton of Geneva, Switzerland, 2017.

[34] UKIL A. Support vector machine[J]. Computer Science, 2002, 1（4）: 1–2.

[35] KIM T K ， KITTLER J. Locally linear discriminant analysis for multimodally distributed classes for face recognition with a single model image[J]. IEEE Transactions on Pattern Analysis and Machine Intelligence，2005，27（3）：318-327.

[36] SURHONE L M，TENNOE MT，HENSSONOW S F，et al. Random forest[J]. Machine Learning，2010，45（1）：5-32.

[37] CAO Y，GAO J，LIAN D，et al. Orderliness predicts academic performance: Behavioural analysis on campus lifestyle[J]. The Royal Society，2018，146：1-8.

[38] MALERBA D, ESPOSITO F, CECI M, et al. Top-down induction of model trees with regression and splitting nodes[J]. IEEE Transactions on Pattern Analysis and Machine Intelligence，2004，26（5）：612-625.

[39] PALIWAL M，KUMAR U A. Neural networks and statistical techniques: A review of applications[J]. Expert Systems With Applications，2009，36（1）：2-17.

[40] TRETTER S. Estimating the frequency of a noisy sinusoid by linear regression[J]. IEEE Transactions on Information theory，1985，31（6）：832-835.

[41] ATKESON C G，MOORE A W，SCHAAL S. Locally weighted learning[J]. Lazy Learning，1997，1997：11-73.

[42] AGARWAL D，CHEN B C. Proceedings of the 15th ACM SIGKDD International Conference on Knowledge Discovery and Data Mining，June 28-July 1，2009[C]. ACM，2009.

[43] KUMAR M，SINGH A J. Evaluation of data mining techniques for predicting student's performance[J]. International Journal of Modern Education and Computer Science，2017，9（8）：25.

[44] VEERAMANICKAM M R M，MOHANAPRIYA M，PANDEY B K，et al. Map-reduce framework based cluster architecture for academic student's performance prediction using cumulative dragonfly based neural network[J]. Cluster Computing，2019，22（1）：1259–1275.

[45] CHEN J，TANG J，JIANG Q，et al. Proceeding of 2017 IEEE 2nd International Conference on Big Data Analysis（ICBDA），March 10–12，2017[C]. IEEE，2017.

[46] TANG F，BYRNE M，QIN P. Psychological distress and risk for suicidal behavior among university students in contemporary China[J]. Journal of Affective Disorders，2018，228：101–108.

[47] GUO T，XIA F，ZHEN S，et al. Proceedings of the AAAI Conference on Artificial Intelligence，Feb. 7–12，2020[C]. AAAI Press，2020.

[48] GE S，BAI C，WAN Q. Proceeding of 2018 IEEE 3rd International Conference on Big Data Analysis（ICBDA），March 9–12，2018[C]. IEEE，2018.

[49] KHOBRAGADE L P，MAHADIK P. Students' academic failure prediction using data mining[J]. International Journal of Advanced Research in Computer and Communication Engineering，2015，4（11）：290–298.

[50] BOYSEN G A，WELLS A M，DAWSON K J. Instructors' use of trigger warnings and behavior warnings in abnormal psychology[J]. Teaching of Psychology，2016，43（4）：334–339.

[51] O'CONNOR R M，STEWART S H，WATT M C. Distinguishing BAS risk for university students' drinking，smoking，and gambling behaviors[J]. Personality and Individual Differences，2009，46（4）：514–519.

[52] CASSELLS L. The effectiveness of early identification of "at risk" students in higher education institutions[J]. Assessment & Evaluation in Higher

Education，2018，43（4）：515-526.

[53] ZHANG L，RANGWALA H. Proceeding of International Conference on Artificial Intelligence in Education，June 27-30，2018[C]. Springer，2018.

[54] VIALARDI-SACÍN C，SHAFTR L，BRAVER J，et al. Recommendation in higher education using data mining techniques[M]. Cordoba：Universidad de Cordoba，2009.

[55] SOBECKI J. Comparison of selected swarm intelligence algorithms in student courses recommendation application[J]. International Journal of Software Engineering and Knowledge Engineering，2014，24（1）：91-109.

[56] LIU J，TANG T，KONG X，et al. Understanding the advisor-advisee relationship via scholarly data analysis[J]. Scientometrics，2018，116（1）：161-180.

[57] IYENGAR M，SARKAR A，SINGH S. Proceeding of International Conference on Modeling，Simulation，and Applied Optimization，April 04-06，2017[C]. IEEE，2017.

[58] LIU R，RONG W，OUYANG Y，et al. A hierarchical similarity based job recommendation service framework for university students[J]. Frontiers of Computer Science，2017，11（5）：912-922.

[59] GOKMEN G，AKINCI T Ç，TEKTAŞ M，et al. Evaluation of student performance in laboratory applications using fuzzy logic[J]. Procedia-Social and Behavioral Sciences，2010，2（2）：902-909.

[60] RASMANI K A，SHEN Q. Data-driven fuzzy rule generation and its application for student academic performance evaluation[J]. Applied Intelligence，2006，25（3）：305-319.

[61] DESAI N，STEFANEK G. A technique for continuous evaluation of student performance in two different domains：Structural engineering and computer

information technology[J]. American Journal of Engineering Education (AJEE), 2017, 8 (2): 83–110.

[62] DEASY C, COUGHLAN B, PIRONOM J, et al. Psychological distress and coping amongst higher education students: A mixed method enquiry[J]. Plos One, 2014, 9 (12): e115193.

[63] GEIGLE C, ZHAI C X. Proceedings of the Fourth (2017) ACM Conference on Learning@ Scale, Apr. 20–21, 2017[C]. ACM, 2017.

[64] PAPPAS I O, GIANNAKOS M N, JACCHERI L, et al. Assessing student behavior in computer science education with an fsQCA approach: The role of gains and barriers[J]. ACM Transactions on Computing Education (TOCE), 2017, 17 (2): 1–23.

[65] OON P T, SPENCER B, KAM C C S. Psychometric quality of a student evaluation of teaching survey in higher education[J]. Assessment & Evaluation in Higher Education, 2017, 42 (5): 788–800.

[66] UTTL B, WHITE C A, GONZALEZ D W. Meta-analysis of faculty's teaching effectiveness: Student evaluation of teaching ratings and student learning are not related[J]. Studies in Educational Evaluation, 2017, 54: 22–42.

第 2 章　体育大数据管理、分析、应用与挑战[1]

随着信息技术和体育产业的快速发展，体育信息分析已成为一个越来越具有挑战性的问题。体育大数据主要来源于互联网，呈现快速增长趋势。体育大数据包含丰富的信息，如运动员、教练、田径和游泳等运动项目。如今，各种各样的体育数据都可以很容易地被访问，并且研究人员已经开发了令人惊叹的数据分析技术，这使我们能够进一步探索这些数据背后的价值。本章首先介绍了体育大数据的背景。其次介绍了体育大数据管理，如体育大数据采集、体育大数据标注和提升体育大数据的质量。再次介绍了体育大数据分析方法，包括统计分析、体育社交网络分析和体育大数据分析服务平台。此外，我们还介绍了体育大数据的实际应用，如评价和预测。最后调查了体育大数据领域的代表性研究问题，包括利用知识图谱预测运动员成绩、发现潜在的体育新星、统一的体育大数据平台、开放的体育大数据和隐私保护。本章的研究有助于研究人员对体育大数据有更广泛的了解，并为该领域提供一些潜在的研究方向。

---

[1] 本章研究成果发表在 2021 年的 *Complexity* 期刊上，题目为 *Sports Big Data: Management, Analysis, Applications, and Challenges*。

2.1 引言

2.1.1 体育大数据发展的意义

大数据时代给体育产业的发展带来了前所未有的冲击。与之密切相关的大数据服务，包括运动员的运动成绩、运动员健康情况的数据、运动员训练的统计和分析等，可以有效地帮助运动员进行日常训练和制定相应的比赛策略，并正在成为赢得比赛不可或缺的手段[1]。先进的大数据技术使得体育大数据领域产生前所未有的变革。快速增长的体育大数据给体育大数据领域带来了新的机遇和挑战[2]。

2.1.2 体育大数据特点

体育大数据是互联网和体育发展的产物。麦肯锡全球研究所（McKinsey Global Institute）提出了大数据的概念，它包括五个特征：海量的数据规模、多样的数据类型、快速的数据流转、动态的数据变化和巨大的数据价值[3]。根据麦肯锡全球研究所对大数据的定义，体育大数据可以定义为一个体育数据集合。其规模庞大，获取、存储、管理和分析远远超出传统数据库软件工具的能力。体育大数据具有以下五个特点：体量大（Volume）、速度快（Velocity）、多样性（Variety）、真实性（Veracity）和价值性（Value），如图 2.1 所示。

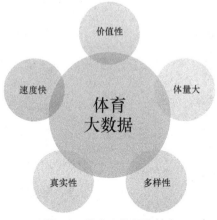

图 2.1　体育大数据的特点

　　每天从数以百万计的学校、各种活动和社区中生成数以亿计的体育数据，这代表了体育大数据体量大的特点[4]。体育大数据的速度快特点可以通过体育数据的增长率来反映。体育大数据的多样性源于其包含多种实体和关系，这使得体育大数据分析和应用更具挑战性，如图 2.2 所示。在体育大数据领域，源于真实性而产生的研究中，代表性的研究有同名区分和数据重复。体育大数据的多样性特征主要包括以下几个方面：（1）身体素质，如身体机能类别中的身高、体重、肺活量，以及身体素质类别中的 50 米跑和坐姿；（2）体育锻炼行为，如跑步、篮球、网球、乒乓球、足球、射箭、划船、游泳、跳绳等及其行为轨迹；（3）个人信息，如性别、年龄、种族、出生日期、语言、学校、省份和家庭等；（4）各种体育比赛结果。体育大数据最重要的特征之一是其价值性。目前，与体育大数据相关的研究已经引起了研究人员的关注，包括评价（评价球员表现、评价学生身体素质、评价教练）和预测（预测球员表现和预测学生身体素质）[5]。

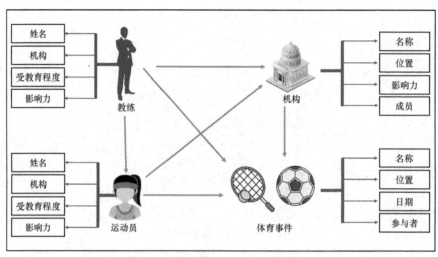

图 2.2 体育大数据相关的实体和关系

2.1.3 体育大数据研究现状

探索体育大数据可以为大众体育、学校体育和竞技体育带来巨大益处[6]。例如，通过对运动员身体素质和运动成绩的管理和分析，可以预测运动员潜在的能力，这样，教练就可以根据这些预测结果，安排出场的运动员。再有，这些数据分析的结果也为决策者分配运动员训练经费提供了有力的依据。探索体育大数据，其目的是从体育大数据中挖掘潜在的知识，这些知识能够为运动员、教练员、与竞技相关的决策者和公众提供更好的体育服务。一些典型的体育大数据服务，如运动成绩、健康数据及训练的统计和分析，可以有效地帮助教练员和运动员进行日常训练和定制比赛策略，为运动员赢得比赛发挥不可估量的作用[7]。

体育大数据分析旨在借助数据挖掘、网络科学和统计技术解决体育科学中的问题[8]。体育大数据分析注重发现数据的价值，为企业和管理者提供有价值的信息资源。这些宝贵的体育信息最终通过可视化显示出来。例如，关于美国男子职业篮球联赛，研究者已经建立了完整的数据分析系统。他们面临着大规模、快速变化和多样化的体育大数据。基于这些体育大数据的分析，研究者为运动员进行评价，并为其量身定制训练和比赛的战略计划。值得一提的是，研究者跟踪球员、裁判员和球的运动轨迹，然后建立动态评价指标，并将这些数据转换为有价值的信息，再将这些信息提供给运动员和教练员。为了获得比赛的胜利，运动员评价、优化进攻和防守是必不可少的[9]。为了揭示体育大数据中隐藏的关系、模式和规律，许多数据挖掘方法被应用于体育大数据[10]。由于体育数据量和各种类型的体育数据不断增加，体育大数据的相关研究变得更加具有挑战性。

2.1.4　章节安排

本章主要介绍体育大数据最近的进展。据我们所知，本章首次尝试对体育大数据进行全面综述。本章主要包括三个方面：体育大数据管理、体育大数据分析方法和体育大数据应用。在体育大数据管理中，我们介绍了体育大数据采集、体育大数据标注和提升体育大数据的质量。在体育大数据分析中，我们重点介绍了体育大数据分析方法，包括统计分析、体育社交网络分析和体育大数据分析服务平台。在体育大数据应用中，我们讨论了两个重要的应用：评价和预测。此外，我们还讨论了与体育大数据研究相关的几个潜在关键问题，包括利用知识图谱预测运动员成绩、发现潜在的体育新星、统一的体育大数据平台、开放的体育大数据和隐私保护。我们在小结中总结了本章内容。

2.2　体育大数据管理

体育大数据管理主要运用数据管理技术、工具和平台来处理体育大数据，包括预处理、存储、处理和安全。然而，大数据管理是一个复杂的过程，它源于数据源的异构性和非结构化等特性[11]。体育大数据管理对国家体育产业、球队和个人成功至关重要[12]。体育大数据管理的主要目的是挖掘体育大数据的潜在价值，为决策者提供高质量的数据服务，助其作出正确的决策。在本节中，我们介绍了体育大数据采集、体育大数据标注和提升体育大数据的质量。

2.2.1　体育大数据获取

　　体育大数据的一个特别重要的特征是其多样性。多样性的原因，不仅在于数据来源极其广泛，而且数据类型也极其复杂。物联网、互联网和体育产业的发展也极大地丰富了体育大数据。由于网络数据的多样性、结构的复杂性及针对不同目的的不同使用方法和利用价值，网络体育大数据的收集非常具有挑战性。网络上体育大数据通常是通过网络爬虫收集的。一般的爬虫收集过程包括以下六个方面：网站页面分析、链接提取、链接过滤、内容提取、统一资源定位地址（URL）队列和数据爬行。（1）在 URL 队列中写入一个或多个与体育相关的目标链接，作为爬行信息的起点。（2）爬虫从 URL 队列读取链接并访问体育网站。（3）从网站上抓取相应的体育内容。（4）从网页内容中提取目标数据和所有 URL 链接。（5）从数据库中读取已爬取的体育内容对应网页的 URL。（6）过滤 URL。将当前队列中的 URL 与已爬网页的 URL 进行比较。（7）根据比较结果，决定是否抓取相应地址的内容。（8）修改队列。网页的内容被写入数据库，并且获取的新链接被添加到 URL 队列。

　　在大数据背景下，为了更好地帮助研究人员探索智能体育产业的发展，许多开放的数据集可以在网站上被研究人员免费下载。一个名为谷歌数据集（Google Dataset）的网页服务搜索，用于在网页上搜索数据，其地址为：https://datasetsearch.research.google.com。谷歌数据集搜索的一个优势是可以搜索不容易在互联网上搜索的数据。谷歌数据集搜索要求使用各种元数据，如作者、出版日期、数据内容和数据使用术语等，目的是描述其所要的数据，以便更容易搜索。体育大数据也可以依靠社交网络获得。例如，可以通过网站（http://www.seanlahman.com/opensource-sports）访问开源的体育数据。该网站包括各种体育数据源，如棒球、足球、篮球及大学足球等。此外，还有一些其他网站提供开放数据集，如国家足球联盟官方网站（http://www.nfl.com），篮球参考网站（https://www.basketball-reference.com），ACB 官方网站（http://www.acb.com），NBA 官方网站（http://www.nba.com），Equibase 网站（http://www.equibase.com），塞尔维亚篮球联合会/篮球监督软件和足球数据网站（http://www.football-data.co.uk）。

目前，大数据应用程序已经很流行，但面临着安全问题和挑战。体育大数据采集是数据处理的关键环节。安全的体育大数据采集对于各种数据应用来说是至关重要的。保证体育大数据安全，是保证大数据分析结果正确的基础。为了提供安全的大数据收集，研究人员在这一领域已经进行了积极的探索。例如，在分布式环境中提供高效的数据收集和数据安全是必要的，针对这个问题，一个有效框架被提出来，主要是通过区块链和深度强化学习来解决。以太坊区块链平台可用于在移动终端共享数据时提供数据安全。该平台可以解决各种攻击，如常见的攻击、设备故障和其他攻击[13]。

2.2.2　体育大数据标注

研究人员一旦获得了足够的体育大数据，接下来要做的就是为这些数据加标注。例如，给定一个篮球比赛数据集，给运动员标记不同的成绩，该成绩可以用来预测未来篮球比赛中每个运动员的成绩。通常，数据采集与数据标注一起完成。当从网页中提取信息并构建知识库时，假设每个信息都是正确的，就将其标记为真（true）。数据标注可分为三类：（1）现有标注。这些现有标注可用于从中学习，以预测其余标注。（2）基于众包。最近，许多众包技术可以用来帮助运动员更有效地进行标注。（3）弱标注。尽管需要始终生成正确的标注，但此实现过程代价可能是非常昂贵的，所以，研究者想到用不太完美的标注去替代，即弱标注。弱标注在许多应用程序中由标记数据使用。

标注数据通常需要大量人力，所以通常生成少量标注数据。半监督学习技术探索标注和未标注的数据以进行预测[14]。一个较小的研究分支被称为自我标注，自我标记技术可以通过相信自己的预测来生成更多的标注[15]。此外，还有专门用于体育图形数据的标注技术。半监督学习技术可用于分类、回归和基于图的标注任务。在分类任务中使用半监督学习技术的目的是训练模型，该模型使用标注和未标注的数据集为每个示例返回多个可能类中的一个。在回归任务中使用半监督学习技术的目的是训练一个模型，该模型中某个实例的预测结果为一个数。基于图的标注在计算机视觉、信息检索、社交网络和自然语言处理等领域都有应用[16]。

为实例加标注，一个好的方式是手工标注。然而，对于一个大型项目，需要数年时间才能完成，对大多数机器学习用户来说，他们等不起。传统上，主动学习是机器学习社群中的一项重要技术，用于选择要标注的真实实例，从而最小化成本。最近，众包技术被提出来用于标注任务，其关键部分就是如何安排任务以确保完成高质量的标注[17]。此外，数据编程模型在两个方面取得了进展：一个是准确性；另一个是可用性。与使用较少手动标注相比，在大量弱标注上训练模型可能会有高质量的标注。目前，数据编程的系统已经被开发，如 DeepDive、DDLite 和 Snorkel。

2.2.3 提升体育大数据的质量

目前，机器学习技术常被用于处理噪声数据和不正确地标注数据，关于提高数据质量的文献已经有很多[18]。一个具有代表性的数据清洗系统，名为 HoloClean，该系统是由一个概率模型所构建，考虑质量规则、价值关系及文献数据等特征，进而产生高质量的数据[19]。此外，研究者还开发了其他数据清洗工具，其目的是将原始数据转换为更好的表达形式，以便供研究者进一步研究。这些清洗模型，有助于改进评价和预测的准确性。例如，ActiveClean 模型将训练和清洗视为一种随机梯度下降形式，以提高清洗数据的效果。而 TARS 可用于清洗众包标注。主要功能包括两方面：一方面，给定带有噪声标注的测试数据，TARS 使用估计技术监督预测模型上真实标注的表现；另一方面，给定带有噪声标注的训练数据，TARS 可以确定将哪些实例发送给 Oracle 以最大化预期模型，这可以提高每个噪声的准确性[20]。为了获得高质量的数据标注，提高现有标注的质量是一个很好的解决方案[21]。这些研究者通过重复标注不断检查和改进标注，目的是提高数据质量。他们的实验结果表明：（1）重复标注可以提高标注和模型的质量；（2）对于噪声标注，重复标注也可以提高标注质量；（3）一项稳健的技术被提出用以提高标注质量。

2.3　体育大数据分析方法

大数据分析是指从各种数据中快速获取有价值信息的技术[22]。大数据分析技术可以利用各种算法对大数据进行统计计算，提取重要的分析数据，以满足实际需要。例如，在竞技体育领域，大数据分析技术不仅可以帮助教练员和运动员分析以往的训练和比赛的运动行为，还可以准确地评价运动员的运动和身体状况，调整运动员的训练活动，提高其比赛成绩。此外，大数据分析技术还可以帮助教练和运动员了解对手的优缺点，从而在大型赛事中取得优异成绩。

2.3.1　统计分析

基于统计理论，统计分析技术被提出，该技术属于应用数学的一个分支。统计分析应用到大数据领域中的一个好处就是为其提供推断。在体育产业研究中，统计分析技术常常被用于处理体育数据集。通过分析运动数据集的一些统计特征，如均值、方差、熵、最大值或最小值，研究人员可以探索运动员的运动模式，并在此基础上，教练员可以制订有效的训练计划[23]。体育数据挖掘工具被开发出来，用以帮助改进对竞技体育技战术的分析[24]。在这个研究中，研究者建立了两个统计数据库：一个是技术数据集；另一个是战术数据集，该数据集包括与羽毛球比赛相关的数据：球队、球员、教练、技术动作类型和羽毛球轨迹。例如，教练通过分析对手在比赛中使用的技术动作，可以预先判断对手的动作行为，从而为运动员制订有效的应对计划。以英超联赛为例，通过测量传球的熵，提出了一个具有统计显著性的模型来预测球队的位置[25]。他们的实验结果表明，熵可以更好地识别防御者的重要作用。

虽然统计分析技术在体育大数据研究中发挥了重要作用，但随着体育产业和大数据技术的发展，越来越多的技术如机器学习、数据挖掘和预测分析等被用于体育数据研究[26]。这些技术通常依赖于体育社交网络。在接下来的部分中，我们将介绍体育社交网络分析。

2.3.2 体育社交网络分析

体育社交网络分析可以揭示团队体育中的关系模式。雷等[27]采用问卷调查的方式来调查青少年的社交网络如何影响他们的体育行为。他们的研究表明，青少年的社交网络是影响青少年体育行为的重要因素。关于大型体育赛事自行车世界杯，为了识别其最具影响力的推特账户，研究者使用了 2016—2018 年所有比赛推特，这些推荐内容主要包括每个赛事的官方标签、提及和转发[28]。在他们的研究中，他们利用社交网络分析技术来识别与推特影响力相关的部分变量。社交网络分析也用于调查业余运动员所组成的团队凝聚力，目的是为即将参加的跑步赛事提前做准备[29]。研究者通过比较优胜者和失败者之间的社交网络度量结果得出结论，一般的社交网络度量对运动员最终分数的变化不敏感[30]。体育社交网络分析也被用于模拟比赛，一种包含定位衍生变量的传球网络被用于识别每个团队成员的贡献[31]。

2.3.3　体育大数据分析服务平台

李[32]提出了一个基于 Hadoop 的户外运动大数据分析平台，该平台存储学生的海量运动数据，并通过构建大型数据挖掘系统来分析这些运动行为。在他的研究中，学生的身体活动信息通过可穿戴智能终端实时地被监控、记录和存储。同时，这些运动数据将被发送到一个分布式的体育大数据服务平台，基于该平台，研究者可以实现各种分析任务。沙滩排球大数据分析平台被开发，其目的是为教练员和运动员提供有意义的指导，帮助教练为沙滩排球运动员制订有价值的训练计划和战术决策[33]。在这个研究中，可以借助数据挖掘技术对存储的沙滩排球比赛大数据进行分析，沙滩排球比赛的数据信息如运动员的成功率、技术分析和策略分析等。近年来，为了促进智能体育领域大数据分析的发展，越来越多的研究人员开始关注分布式智能传感技术。基于体育大数据平台，体育文化馆利润与消费意向之间的博弈关系被分析[34]。在这个研究中，研究者主要利用支持向量机技术和统计技术构建定价模型，其中设计了体育文化馆闲暇时间的动态定价策略。基于大数据云平台，阳光体育开发了体育教师培训系统，以促进学生积极参与体育锻炼[35]。伊博尔被提议使用廉价的传感器跟踪球的 3D 轨迹和旋转，将无线和惯性传感数据集成到球的基于物理的运动模型中[36]。体育个性化内容定制平台有待完善，信息作为构建体育产业的核心，应该得到更多的关注[37]。

一个代表性的研究自供电落点分布统计系统被开发，其目的是为运动员和裁判员提供训练指导和实时比赛的分析[38]。边线球判断也被考虑在该系统中。一种用于自供电传感的柔性、耐用的高性能木质摩擦电纳米发电机被用于这个系统，来完成分析运动大数据。

2.4 体育大数据应用

图 2.3 显示了体育大数据平台框架，包括数据源层、数据收集与交换层、中央存储层、数据分析层和应用层。数据源层主要包括运动员历史数据、运动员行为轨迹、视频数据和互联网数据源。数据源层是实现各种体育大数据分析预测应用的基础。接下来是数据收集层，它从数据源层收集数据并执行以下处理：数据收集、数据存储、数据交换、手动导入和网页爬虫。对收集的数据进行清洗，并根据不同的应用要求进行必要的处理，如对数据进行分类和存储。处理后的数据将存储在中央存储层，包括结构化数据存储、非结构化数据存储和文件存储。数据分析层根据具体应用的需要进行特征选择、关系分析、统计分析和社交网络分析，目的是发现体育大数据中潜在的知识、规律和模式。基于以上分析结果，机器学习与大数据技术的融合可以促进体育大数据应用的开发[39]。

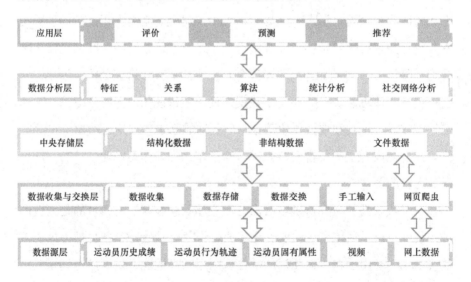

图 2.3 体育大数据平台框架

2.4.1　评价

评价是体育大数据的一个重要应用。在体育界，最主要的一个评价就是对运动员成绩的评价。本小节介绍影响球员表现的因素和数据驱动的评价模型。

2.4.1.1　影响运动员成绩的因素

布鲁克斯等[40]从每个运动员控球中提取特征，以构建特征向量，其中包含运动员控球的起点和终点位置。他们将所有控球特征向量求平均值，作为运动员控球的特征向量；并且，每个特征向量都根据结束控球的方式进行了标注。帕帕拉多等[41]采用了一个足球日志数据库，包括 31 496 332 个事件、19 619 场比赛、296 个俱乐部和 21 361 名球员。其中，每个事件都包括一个唯一的事件标识符、事件类型、时间戳、与事件相关的球员、球员的球队、比赛、足球场上的位置、事件子类型和标签列表。比赛类型包括传球、犯规、射门、决斗、任意球、越位和触球。犯规类型包括四种：无牌、黄牌、红牌和两张黄牌。为了计算球员成绩向量，他们从 Wyscout 足球日志中提取 76 个特征来计算球员的成绩向量。李等[42]根据 2014—2018 年的中国足球超级联赛数据集，提取了 22 个与进攻、传球和防守相关的特征，对球队进行排名。

2.4.1.2　数据驱动的评价模型

由于存在大量可利用的体育数据，进而运动员的评价吸引了科学界和体育界的兴趣。布鲁克斯等[40]提出了一个基于传球网络的有价值球员的排名框架，该框架被设计主要基于控球中传球位置与所产生的射门机会之间的关系。帕帕拉多等[41]设计了一个数据驱动的评价框架，该框架对足球运动员的成绩进行多维和角色感知的评价。基于 18 场著名足球比赛的四个赛季的大量足球日志和数百万比赛事件数据集，研究者将 PlayeRank 算法和一些已有的算法进行比较，结果表明，在运动员成绩评价中，

PlayeRank 的表现优于已有的算法。李等[42]利用支持向量机对团队绩效进行排名,其实验结果表明,所提出的数据驱动模型预测精度高达 0.83,预测的比赛排名成绩与其实际排名高度相关。派乐科瑞尼斯等[43]提出了一种排名算法,该算法基于对相应联赛中捕获输赢关系的球队的分析和 PageRank 算法。其研究结果表明,网络中的周期与成绩显著相关。戈什等[44]提出了一种数据驱动的方法,该方法根据球员的姿势评估球员在比赛中的表现。在他们的实验中,使用浅层学习和深层学习算法分析运动员在比赛中的姿势。基于此,他们将中级或初级运动员的姿态与专业运动员的姿态进行比较。此外,他们还了解到职业球员和参与者之间的差距。刘等[45]提出了一种改进的足球运动员成绩评估方法。在他们的研究中,使用了事后报告的文本信息,他们研究的结果表明,提出的方法在评估球员成绩方面是更有效、更合理的。萨莱和提杰[46]为了分析不同团队的优势和劣势,提供了对绩效指标的关键分析,以了解不同团队的优势和劣势。

2.4.2 预测

众所周知,体育大数据可以给体育产业带来前所未有的变化。识别和挖掘有价值的体育大数据,不仅可以提高个人和团队的竞技水平,而且可以促进全民健身的发展。预测是体育大数据应用的一个重要研究方向。跟踪和预测运动员的比赛成绩是非常有意义的,具体优点包含以下几个方面:(1)能够帮助教练发现体育新星;(2)能够帮助教练和运动员制订合理的训练计划;(3)可以帮助教练员和运动员掌握对手在比赛中的习惯和特长,在比赛中作出有价值的判断。例如,通过分析每个运动员的训练状态和最近的比赛表现,教练可以为比赛选择更有可能取得好成绩的运动员。目前,关于运动员成绩预测的文献还有许多。

图 2.4 显示了一个预测运动员成绩的模型。该模型主要包括三部分:

数据输入、模型和数据输出。数据输入主要包括以下数据：运动员历史成绩、运动员的训练和比赛行为、运动员固有属性、运动员心理状态和睡眠状态等原始的体育大数据。模型部分包括两个过程：训练和测试。通常，一些重要特征用于训练预测模型，包括运动员历史成绩、运动员社交行为、运动员性别和运动员心理特征等。基于这些重要特征，一些机器学习算法被用来训练预测模型，如神经网络、支持向量机、深度学习和提升算法等。当模型训练完，使用新数据和选定的特征来预测运动员的成绩。在下面的章节中，我们将重点讨论影响运动员成绩的因素和模型。

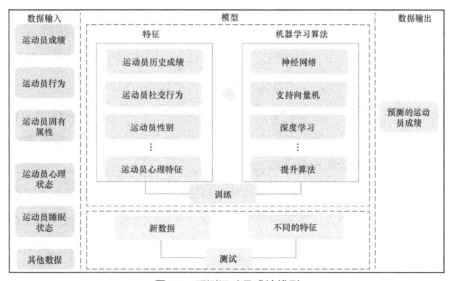

图 2.4　预测运动员成绩模型

2.4.2.1　影响运动员成绩的特征

在预测运动员成绩的模型中，考虑了许多影响运动员成绩变化的特征。这些重要特征分为以下几类：（1）运动员历史成绩；（2）运动员行为属性，包括运动员的运动过程、比赛成绩和训练成绩；（3）运动员固有属性，包括运动员的性别、家庭和教育的静态属性；（4）运动员心理健康状况。邦克等[47]利用与比赛相关的特征和一些额外的特征去预测运动员成绩，这些特征包括历史比赛结果、球员表现的指标、对手信息、最近状态和比赛可用的球员。康斯坦丁努和芬顿[48]利用以下特征预测运动员的成绩：欧盟竞争［欧盟竞争（PS）、有资格参加欧盟比赛（NS）、团队压力和疲劳（PS）］、欧盟比赛［欧盟参与经验（PS）和欧盟参与经验（NS）］、管理层变更（新经理、以往、管理不稳定和管理能力）、新晋升、伤病等级（PS）、球员处理伤病的能力（NS）、球队处理受伤的能力（PS）、联赛积分（PS）、联赛积分（NS）、赛季之间的联赛积分差异、团队工资［团队工资（PS）、团队工资（NS）、对手平均团队工资（PS）、对手平均团队工资（NS）、团队工资与平均对手（PS）工资差额］等。塔波塔赫等[49]利用防守篮板、罚球和总篮板等有影响力的特征预测 NBA 比赛结果，这可以提高预测模型的准确性。李等[12]提出了一种预测方法，该方法利用运动员和球队的历史数据预测运动团队的表现，其选用的特征包括比赛次数、比赛时间、两分、三分、罚球点、罚球、防守篮板、进攻篮板、助攻、抢断、拦网、翻身和个人犯规等。上述提及的特征和机器学习技术被用于实现运动员成绩的预测。

2.4.2.2　数据驱动的预测模型

体育行业中存在大量的结构化和非结构化数据，运动员成绩的预测是体育大数据的一个具体的重要的应用，机器学习技术常用于预测运动员的成绩。然而，体育赛事结果的预测是一项艰巨的任务。为了了解团队的技能，青木等[50]提出了一个概率图模型，基于该模型，他们给每个运动员在比赛中的运气和技能赋予相对的权重。他们的实验结果表明，运气在最具竞争力的锦标赛中基本上是存在的，并解释了为什么复杂的基于特征的模型在预测体育比赛结果方面几乎无法击败简单的模型。邦克等[47]提出了一种通过应用人工神经网络预测运动成绩的预测框架。该预测框架的预测精度高于传统数学和统计模型的预测结果。康斯坦丁努和芬顿[48]设计一个贝叶斯网络模型，可以预测一支球队整个赛季的总积分，该模型提高了预测足球队长期成绩的准确性。塔波塔赫等[49]提出了一个智能机器学习框架，该框架采用了朴素贝叶斯、人工神经网络和决策树算法。李等[12]利用多元逻辑回归分析来确定获胜概率与团队水平比赛结果之间的关系。他们的实验结果表明了基于美国国家篮球协会和金州勇士队数据集的预测模型的有效性。

2.5　挑战性的问题

2.5.1　利用知识图谱预测运动员成绩

尽管研究人员在预测运动员成绩方面取得了前所未有的成果，但他们的预测模型大多侧重于特征提取和机器学习算法。在当前的体育大数据研究中，一个问题是运动员成绩与运动员、教练员和运动项目之间的知识关系被忽视。现有的研究人员更关注他们之间的统计关系。如何更准确地预测运动员的成绩？一种可能的解决方案是根据体育大数据的知识图谱预测运动员的成绩。因此，如何构建运动成绩和成绩相关实体的知识图是一项至关重要的任务。此外，如何利用构建的体育大数据知识图来预测运动员的成绩也是非常具有挑战性的。

2.5.2　发现潜在的体育新星

体育事业的成功不仅取决于运动员的个人能力，还与运动员的团队和国家有关。对于一支球队或一个国家来说，培养一名优秀运动员需要大量的人力和物力。体育新星是指那些在同龄人中并不突出的运动员，他们正处于体育事业的初级阶段，但未来有成为体育明星的趋势。发现潜在的体育运动新星，不仅可以为国家资金的投入提供建设性的指导，还可以为运动员早日展现优异成绩提供必要的帮助。如何找到体育界的新星？目前的研究主要使用统计方法来评价运动员。如何构建寻找新星的知识图是一项具有挑战性的任务。

2.5.3 统一的体育大数据平台

在传统的体育系统中，不同的体育机构根据各自俱乐部或球队的需求构建独立的体育数据平台，形成数据孤岛。整合不同的体育系统，构建统一的体育大数据大服务平台是必要且关键的。基于该平台，研究人员可以分析体育实体之间的各种关系。此外，通过该平台，教练、运动员和团队可以获得关于比赛的宝贵信息。基于这个平台，可以对运动员、教练员、球队和国家进行多维描述，并为他们提供准确的服务，如推荐教练员和俱乐部、识别体育新星等。

2.5.4 开放的体育大数据

体育大数据已经引起了国内外研究者和体育产业建设者的关注。体育大数据不仅为体育爱好者提供各种精准服务，还指导体育决策者分配资金用于提高运动员的成绩。然而，与谷歌学术、孟德尔网和科学网等学术数据资源不同，研究人员共享的体育大数据很少。此外，尽管不同的体育机构和俱乐部目前拥有不同的体育数据，但这些数据主要是孤立的。因此，体育大数据对研究人员开放，以帮助和促进体育的蓬勃发展，实现为运动员和体育爱好者提供方便、高效、精准服务的目的。

2.5.5 隐私保护

在大数据时代，体育大数据在带来巨大价值的同时，也带来了运动员隐私保护方面的一些问题。如何在体育大数据的开发和应用过程中保护运动员的隐私，防止敏感信息泄露，已成为一个新的挑战。一方面，运动员的个人隐私要求国际体育组织建立独立的隐私保护机构；另一方面，有必要建立专门的隐私制度，其目的是确保运动员隐私的优先权。对于运动员隐私保护，需要实施细粒度的权限控制，并配合相关数据脱敏策略，更好地保护运动员隐私。

2.6　本章小结

本章对体育大数据进行了全面的综述，重点是体育大数据管理、体育大数据分析方法、体育大数据应用。体育大数据领域发生了以下几点变化：（1）从简单的统计评价到基于模型的评价；（2）从简单的统计分析到数据驱动的运动员成绩预测；（3）从社交网络分析到知识图分析；（4）从显性体育特征到隐性体育特征。然而，通过对体育大数据文献的分析，我们发现，尽管研究人员提出了一些解决体育大数据领域问题的方法，但一些关键问题的解决方案仍然未知，如在知识图中预测运动员的成绩、发现潜在的体育新星、统一的体育大数据平台、开放的体育大数据和隐私保护问题。

参考文献

[1] LIU G, LUO Y, SCHULTE O, et al. Deep soccer analytics: Learning an action-value function for evaluating soccer players[J]. Data Mining and Knowledge Discovery, 2020, 34 (5): 1531–1559.

[2] PAPPALARDO L, CINTIA P, ROSSI A, et al. A public data set of spatio-temporal match events in soccer competitions[J]. Scientific Data, 2019, 6 (1): 1–15.

[3] GOBBLE M A M. Big data: The next big thing in innovation[J]. Research-technology Management, 2013, 56 (1): 64–67.

[4] DU M, YUAN X. A survey of competitive sports data visualization and visual analysis[J]. Journal of Visualization, 2021, 24 (1): 47–67.

[5] DUGDALE J H, SANDERS D, MYERS T, et al. A case study comparison of objective and subjective evaluation methods of physical qualities in youth soccer players[J]. Journal of Sports Sciences, 2020, 38(11–12): 1304–1312.

[6] PARK S U, AHN H, KIM D K, et al. Big data analysis of sports and physical activities among Korean adolescents[J]. International Journal of Environmental Research and Public Health, 2020, 17 (15): 5577.

[7] HASHEM I A T, YAQOOB I, ANUAR N B, et al. The rise of "big data" on cloud computing: Review and open research issues[J]. Information Systems, 2015, 47: 98–115.

[8] TSENG V S, CHOU C H, YANG K Q, et al. Proceeding of 2017 Conference on Technologies and Applications of Artificial Intelligence (TAAI), December 01–03, 2017 [C]. IEEE, 2017.

[9] YANG Z X, YANG J, BAI J, et al. Research on the data analysis of NBA based on big data technologies[J]. China Sport Science and Technology,

2016，52（1）：96–104.

[10] REIN R，MEMMERT D. Big data and tactical analysis in elite soccer：Future challenges and opportunities for sports science[J]. Springerplus，2016，5（1）：1410.

[11] SIDDIQA A，HASHEM I A T，YAQOOB I，et al. A survey of big data management：Taxonomy and state-of-the-art[J]. Journal of Network and Computer Applications，2016，71：151–166.

[12] LI Y，WANG L，LI F. A data-driven prediction approach for sports team performance and its application to National Basketball Association[J]. Omega，2021，98：102123.

[13] LIU C H，LIN Q，WEN S. Blockchain-enabled data collection and sharing for industrial IoT with deep reinforcement learning[J]. IEEE Transactions on Industrial Informatics，2018，15（6）：3516–3526.

[14] Zhu X J. Semi-supervised learning literature survey[R]. University of Wisconsin-Madison，WI，USA，2005.

[15] TRIGUERO I，GARCÍA S，HERRERA F. Self-labeled techniques for semi-supervised learning：Taxonomy，software and empirical study[J]. Knowledge and Information Systems，2015，42（2）：245–284.

[16] LIU W，XIE X，MA S，et al. Proceeding of 2020 3rd International Conference on Artificial Intelligence and Big Data（ICAIBD），May 28–31，2020[C]. IEEE，2020.

[17] ROH Y，HEO G，WHANG S E. A survey on data collection for machine learning：A big data-ai integration perspective[J]. IEEE Transactions on Knowledge and Data Engineering，2019，33（4）：1328–1347.

[18] DHINAKARAN K，GEETHARAMANI G. A review on big data cleaning and analytical tools[J]. International Journal of Advanced Research in

Computer Science and Software Engineering, 2019, 9 (4): 90–96.

[19] REKATSINAS T, CHU X, ILYAS I F, et al. HoloClean: Holistic data repairs with probabilistic inference[J]. Proceedings of the VLDB Endowment, 2017, 10 (11): 1190–1199.

[20] DOLATSHAH M, TEOH M, WANG J, et al. Cleaning crowdsourced labels using oracles for statistical classification[J]. Proceedings of the VLDB Endowment, 2017, 12 (4): 1–14.

[21] SHENG V S, PROVOST F, IPEIROTIS P G. Proceedings of the 14th ACM SIGKDD International Conference on Knowledge Discovery and Data Mining, June 27–30, 2008[C]. ACM, 2008.

[22] TSENG V S, CHOU C H, YANG K Q, et al. Proceeding of 2017 Conference on Technologies and Applications of Artificial Intelligence (TAAI), August 30–September 02, 2017[C]. IEEE, 2017.

[23] XIA F, WANG W, BEKELE T M, et al. Big scholarly data: A survey[J]. IEEE Transactions on Big Data, 2017, 3 (1): 18–35.

[24] PAN L. A big data-based data mining tool for physical education and technical and tactical analysis[J]. International Journal of Emerging Technologies in Learning, 2019, 14 (22): 220–231.

[25] NEUMAN Y, ISRAELI N, VILENCHIK D, et al. The adaptive behavior of a soccer team: An entropy-based analysis[J]. Entropy, 2018, 20(758): 1–12.

[26] FAN W, BIFET A. Mining big data: Current status, and forecast to the future[J]. ACM SIGKDD Explorations Newsletter, 2013, 14 (2): 1–5.

[27] LEI L, ZHANG H, WANG X. Adolescent sports behavior and social networks: The role of social efficacy and self-presentation in sports behavior[J]. Complexity, 2020, 2020: 1–10.

[28] LAMIRÁN-PALOMARES J M，BAVIERA T，BAVIERA-PUIG A. Sports influencers on twitter. analysis and comparative study of track cycling world cups 2016 and 2018[J]. Social Sciences，2020，9（169）：1–23.

[29] HAMBRICK M E，SCHMIDT S H，CINTRON A M. Cohesion and leadership in individual sports：A social network analysis of participation in recreational running groups[J]. Managing Sport and Leisure，2018，23（3）：225–239.

[30] MCLEAN S，SALMON P M，GORMAN A D，et al. A social network analysis of the goal scoring passing networks of the 2016 European Football Championships[J]. Human Movement Science，2018，57：400–408.

[31] GONÇALVES B，COUTINHO D，SANTOS S，et al. Exploring team passing networks and player movement dynamics in youth association football[J]. PloS One，2017，12（1）：e0171156.

[32] LI M. Proceeding of 2019 International Conference on Intelligent Transportation，Big Data & Smart City（ICITBS），July 26–29，2019[C]，IEEE，2019.

[33] SONG W，XU M，DOLMA Y. Design and implementation of beach sports big data analysis system based on computer technology[J]. Journal of Coastal Research，2019，94（SI）：327–331.

[34] JIANG R，LI Y. Dynamic pricing analysis of redundant time of sports culture hall based on big data platform[J]. Personal and Ubiquitous Computing，2020，24（1）：19–31.

[35] MA Q，LIU L，XIE Y，et al. Research on the physical education teacher training system in sunshine sports based on big data platform[J]. Revista de la Facultad de Ingeniería，2017，32（4）：780–787.

[36] GOWDA M，DHEKNE A，SHEN S，et al. IoT platform for sports

analytics[J]. GetMobile: Mobile Computing and Communications, 2018, 21（4）: 8–14.

[37] DENG C, TANG Z, ZHAO Z. Proceeding of International Conference on Big Data Analytics for Cyber-Physical-Systems, December 28–29, 2019[C]. Springer, 2019.

[38] LUO J, WANG Z, XU L, et al. Flexible and durable wood-based triboelectric nanogenerators for self-powered sensing in athletic big data analytics[J]. Nature Communications, 2019, 10（1）: 1–9.

[39] CUEVAS C, QUILÓN D, GARCÍA N. Techniques and applications for soccer video analysis: A survey[J]. Multimedia Tools and Applications, 2020, 79（39）: 29685–29721.

[40] BROOKS J, KERR M, GUTTAG J. Proceedings of the 22nd ACM SIGKDD International Conference on Knowledge Discovery and Data Mining, August 13–17, 2016[C]. ACM, 2016.

[41] PAPPALARDO L, CINTIA P, FERRAGINA P, et al. PlayeRank: Data-driven performance evaluation and player ranking in soccer via a machine learning approach[J]. ACM Transactions on Intelligent Systems and Technology（TIST）, 2019, 10（5）: 1–27.

[42] LI Y, MA R, GONÇALVES B, et al. Data-driven team ranking and match performance analysis in Chinese Football Super League[J]. Chaos, Solitons & Fractals, 2020, 141: 110330.

[43] PELECHRINIS K, PAPALEXAKIS E, FALOUTSOS C. Proceeding of 2016 Large Scale Sports Analytics（SIGKDD）, August 14, 2016[C]. ACM, 2016.

[44] GHOSH I, RAMAMURTHY S R, ROY N. Proceeding of 2020 IEEE International Conference on Pervasive Computing and Communications

Workshops（PerCom Workshops），March 23-27，2020[C]. IEEE，2020.

[45] LIU W，XIE X，MA S，et al. Proceeding of 2020 3rd International Conference on Artificial Intelligence and Big Data（ICAIBD），May 28-31，2020[C]. IEEE，2020.

[46] SARLIS V，TJORTJIS C. Sports analytics—Evaluation of basketball players and team performance[J]. Information Systems，2020，93：101562.

[47] BUNKER R P，THABTAH F. A machine learning framework for sport result prediction[J]. Applied Computing and Informatics，2019，15（1）：27-33.

[48] CONSTANTINOU A，FENTON N. Towards smart-data：Improving predictive accuracy in long-term football team performance[J]. Knowledge-Based Systems，2017，124：93-104.

[49] THABTAH F，ZHANG L，ABDELHAMID N. NBA game result prediction using feature analysis and machine learning[J]. Annals of Data Science，2019，6（1）：103-116.

[50] AOKI R Y S，ASSUNCAO R M，VAZ DE MELO P O S. Proceedings of the 23rd ACM SIGKDD International Conference on Knowledge Discovery and Data Mining，August 13-17，2017[C]. ACM，2017.

第3章 体育社交网络分析、建模与挑战❶

随着信息技术和体育的快速发展，出现了大量的体育社交网络数据。体育社交网络数据包含有关运动员、教练、运动队、足球、篮球和其他运动的丰富实体信息。理解这些实体之间的相互作用是有意义和具有挑战性的。为此，本章首先介绍体育社交网络。其次对体育社交网络和体育社交的最新研究成果进行了综述和分类。基于传球网络的分析，我们从以下三个方面展开介绍：（1）中心性及其变体；（2）熵；（3）其他度量指标。再次比较了用于体育社交网络分析、建模和预测的不同体育社交网络模型。最后提出了体育社交网络领域中有前景的研究方向，包括利用多视角学习挖掘体育团队成功的基因、基于图网络评价体育团队合作的影响力、利用图神经网络发现最佳合作伙伴及基于属性卷积神经网络发现体育新星。本章旨在为研究人员提供对体育社交网络的更广泛了解，特别是本章可作为对该领域感兴趣的初学者的简明介绍。

---

❶ 本章研究成果发表在 2022 年的 *Complexity* 期刊上，题目为 *Towards Understanding the Analysis, Models, and Future Directions of Sports Social Networks*。

3.1　引言

3.1.1　体育社交网络定义

社交网络如元宇宙、油管（YouTube）、推特和汤博乐（Tumblr）吸引了数十亿用户，其中许多人在社交网站上分享他们的日常活动[1]。社交网站被定义为"基于网络的服务，允许个人（1）在一个有限的系统内构建一个公共或半公共的个人资料；（2）清楚地列出与他们共享连接的其他用户的列表，以及（3）查看和遍历他们的连接列表以及系统内其他人创建的连接列表"[2]。体育社交网络是以体育为中心的多维互动、体育受众自主选择、体育信息传播亲和力强的社交网络。

3.1.2　体育社交网络分析的好处

体育社交网络分析可以为运动队带来许多好处[3]。通过基于体育大数据的体育社交网络分析[4]，其优势可以在不同层面体现出来：（1）就个人体育而言，社交网络分析有助于改善和提高运动员的个人竞技表现[5]；（2）在团队体育中，体育社交网络分析可以为团队决策者提高团队竞争绩效提供有用的数据支持[6]；（3）对于国家体育而言，体育社交网络分析可以为提高国家体育素养和参与度提供有价值的信息[7]。通过使用社交网络分析、数据挖掘、网络科学和统计技术，一些关键问题被探索，如团队行为动力学和团队绩效趋势[8]。社交网络分析技术，如中心性及其变体、熵和其他量化指标已被用于传球网络[9]。

3.1.3　体育社交网络建模的好处

许多研究人员利用体育社交网络模型，在分析团队行为和成绩、评估团队运动的行为和绩效，以及预测团队运动行为与绩效方面进行了有意义的尝试。我们概述了近年来现有的体育社交网络模型。通常，体育社交网络模型的核心部分包括社交网络分析和机器学习算法。代表性的模型包括增强的主题模型、决策模型、概率模型、梯度提升和回归模型[10]。

3.1.4　本章贡献

体育社交网络已经引起了学者们的广泛关注。基于体育社交网络，研究人员积极探索团队体育，并取得了可喜的进展。本章介绍并比较了近年来关于体育社交网络的研究工作。据我们所知，本章介绍的内容是第一篇详细概述体育社交网络的文章。本章的主要贡献和组织结构如图 3.1 所示。

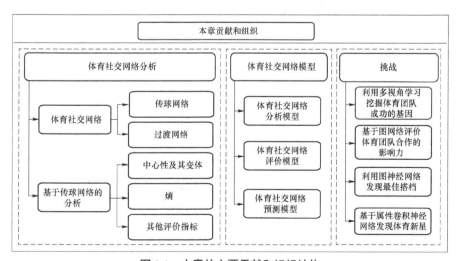

图 3.1　本章的主要贡献和组织结构

第 3.2 节综述了体育社交网络分析，从描述体育社交网络（传球网络和过渡网络）到基于传球网络的分类分析方法（如中心性及其变体、熵和聚类系数等）。

第 3.3 节综述了体育社交网络模型，并根据应用类别对这些模型进行了分类，包括分析模型、评估模型和预测模型。这些模型主要用于研究体育团队的行为和成绩。

第 3.4 节讨论了这个迅速发展的领域中潜在的研究方向，如利用多视角学习挖掘体育团队成功的基因、基于图网络评价体育团队合作的影响力、利用图神经网络发现最佳搭档、基于属性卷积神经网络发现体育新星。

第 3.5 节总结了本章内容。

3.2　体育社交网络分析

在体育大数据研究中，构建体育社交网络，其目的如下：（1）支持体育社交网络分析；（2）为提高团队运动成绩提供有意义的指导和帮助；（3）揭示团队运动中的关系模式。在本节，我们首先介绍体育社交网络，然后对基于传球网络的分析进行了分类和比较。

3.2.1　体育社交网络

体育社交网络由运动员、教练、体育赛事和运动场组成。运动项目包括球类运动（如足球、手球、篮球、冰球）和其他运动。球员之间的互动可以反映球队的比赛风格及球员个人在球队中的重要性[11]。下面列出了两个具有代表性的体育社交网络：传球网络（图 3.2）和过渡网络（图 3.3）。图 3.2 显示了一个包括五名球员的传球网络及足球运动员之间的传球。箭头表示球的方向，数字表示传球次数。图 3.3 显示了由两部分组成的过渡网络：传球网络和传球结果。5 号球员射中球门一次，但也有的一次都没有射中。

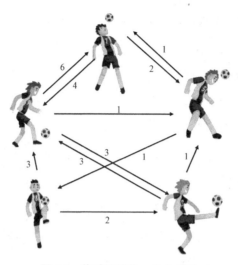

图 3.2　传球网络的一个小例子

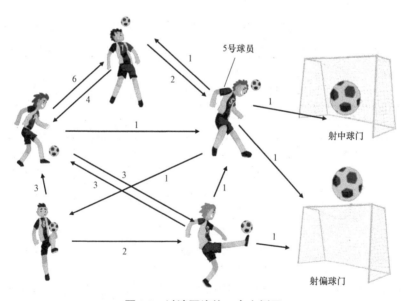

图 3.3　过渡网络的一个小例子

3.2.2　基于传球网络的分析

基于传球网络的分析主要处理运动员之间的关系，重点强调体育社交网络结构,该结构主要被运动员之间发生的关系量化驱动。在传球网络中,最具代表性的度量指标是中心性指标[12]。基于传球网络的分析经历了重大转变,从度中心性[13]到流中心性[14],从无权的度量[15]到加权的度量[16],从同构传球网络[17]到异构传球网络[12]。

3.2.2.1 中心性及其变体

中心性是确定网络中节点重要性的重要指标。在过去十年中,体育社交网络分析经历了重大转变,从度中心性到特征向量中心性[18],从无权的中心性度量[19]到加权的中心性度量[14]。在团队体育运动中,中心性主要用于以下方面:(1)识别优秀运动员[20];(2)确定比赛的关键球场区域;(3)了解团队动态;(4)预测团队成绩[21](表 3.1 和表 3.2)。表 3.1 显示了 2012—2017 年中心性在体育社交网络分析中的实际应用。表 3.2 显示了 2018—2021 年中心性在体育社交网络分析中的实际应用。值得注意的是,表 3.1 和表 3.2 中的中心性及其变体是过去十年体育社交网络分析中非常具有代表性的应用。

表 3.1　2012—2017 年体育社交网络分析中的中心性及其变体

中心性及其变体	文献	社交网络	目的	好处
入度中心性	[12]	异构网络	理解团队动态	易于计算
度中心性	[13]	传球网络	识别足球网络的重要度	易于计算
度中心性	[22]	运动员传球网络区域传球网络	预测比赛成绩	考虑两个传球网络
扩展的连接性	[23]	传球网络	区分传球网络的顶点	易于计算
入度中心性出度中心性	[24]	传球网络	分析位置角色的中心度	易于计算
入度中心性出度中心性	[5]	传球网络	分析团队中领导者的重要性	易于计算

续表

中心性及其变体	文献	社交网络	目的	好处
入度中心性 出度中心性	[25]	传球网络	识别运动员的 中心性	易于计算
特征向量中心性	[18]	位置传球网络	理解比赛中运 动员的重要性	考虑与中心节 点的连接
特征向量中心性	[17]	传球网络	分析团队中关 键的领导	考虑与中心节 点的连接
接近中心性 介数中心性	[15]	位置传球网络	分析运动员和 团队成绩之间 的关系	考虑运动员之 间的传球关系
入度中心性 出度中心性 介数中心性	[20]	位置传球网络	识别重要的 运动员	易于计算

表 3.2　2018—2021 年体育社交网络分析中的中心性及其变体

中心性及其变体	文献	社交网络	目的	好处
特征向量中心性 介数中心性 接近中心性	[6]	位置传球网络	分析合作传球	理解合作传球 网络
度中心性 特征向量中心性 介数中心性 接近中心性 加权的入度中心性 无权的入度中心性	[21]	位置传球网络	预测足球团队 成绩	使用几种网络 指标
加权的入度中心性 加权的出度中心性 度中心性 介数中心性 加权的接近中心性	[16]	位置传球网络	刻画不同的体 育团队	使用几种网络 指标

续表

中心性及其变体	文献	社交网络	目的	好处
度中心性 扩展的连接性 流中心性	[19]	位置传球网络	为团队成绩 提供帮助	使用几种网络 指标
流介数中心性 加权的介数中心性	[14]	位置传球网络	识别重要的 运动员	考虑传球网络 的时间顺序
度中心性	[26]	位置传球网络	分析网络中心 度变化	考虑传球顺序
入度中心性 出度中心性 介数中心性 接近中心性	[27]	位置传球网络	识别传球表现	更好地理解 团队进攻属性
特征向量中心性 入度中心性 出度中心性	[28]	区域传球网络	分析篮球比赛 中的进攻	更好地理解 团队进攻属性
入度中心性 出度中心性 入度接近中心性 出度接近中心性 特征向量中心性	[29]	位置传球网络	分析身体的 活动	理解成年人之 间的关系

在体育社交网络分析中，常用的加权中心性指标包括度中心性、入度中心性、出度中心性、介数中心性、接近中心性和特征向量中心性。体育团队凝聚力与团队绩效呈正相关。体育团队的凝聚力越大，其团队表现就越出色[12]。他们利用社交网络分析技术，不仅展示了体育团队凝聚力的网络结构，还突出了每个运动员在团队中的位置和中心地位。两个中心度指标（入度中心度和出度中心度）用于分析足球位置角色的中心度水平，并用于决定 2014 年国际足联在世界杯期间的关键战术位置[24]。其中，比赛被

看作节点，它们之间的关系被作为节点。特征向量中心性用于衡量 2015 年男篮世界杯八场比赛中节点（比赛）的重要性[18]。研究者通过依赖接近中心性和介数中心性，探讨了传球网络、位置变量和团队绩效之间的关系[15]。他们的研究结果表明，一个具有良好传球关系的团队可能会提高团队绩效。此外，设计了一个预测足球胜负的模型，该模型主要利用社交网络分析技术和梯度提升算法[21]。他们的实验结果表明，与中心性相关的指标，如度中心性、特征向量中心性、介数中心性和接近中心性，都可以反映足球队的成绩。

在体育社交网络演化的推动下，一些学者积极探索体育社交网络，在无权中心性度量的基础上开发了加权中心性度量。加权中心度量指标主要包括加权的入度、加权的出度、加权的介数中心性和加权的接近度中心性。科特等[16] 通过比较不同团队运动的网络模式，刻画了团队运动的特点，并发现运动员的战术位置影响运动员的表现水平。科特等[14]通过应用逐场比赛社交网络分析来确定足球比赛中的主力球员，该分析由运动队球员之间的互动模式量化驱动。在他们的研究中，加权中心性和流中心性被用来理解球员在足球比赛中的角色。流中心性与介数中心性密切相关。流中心性是通过运动队至少参与一次比赛的次数与所有比赛次数的比例来衡量。

3.2.2.2　熵

香农熵被用于计算团队跨分区数值优势的不确定性[30]。最大的不确定性出现在中间分区，反映了运动员从相邻分区到目标分区的动态转移。为了更好地理解篮球比赛中不同战术行为的后果，分析球队行为是非常有必要和重要的。香农熵也被用来评价差异性分析[31]。通过分析设置的条件、攻击区域和攻击速度的变化，发现只有在其他竞技比赛动作稳定的情况下，攻击动作的不确定性才能产生更好的结果。香农熵还被用于揭示排球队的集体战术行为，目的是分析最终球队排名，该研究发现排名最高的球队在进攻节奏和拦网对手等战术表现指标上表现出更大的不可预测性[32]。国家足球联赛的动态可通过熵、互信息和 JS 散度来分析[33]。值得注意的是，熵和互信息被用作足球联赛赛季的阶段变量。基于团队体育网络，相对转移熵和网络转移熵被提出[34]。实验结果表明，如果获胜团队的个人和团队转移熵的值更大，那么表明不可预测的团队可能更接近成功。

3.2.2.3　其他度量指标

在图论中，聚类系数描述了图中顶点之间的聚类程度。全局聚类系数和局部聚类系数已被用于团队运动研究中。在体育团队中，运动员的聚类系数越高，运动员与其他运动员之间的合作和互动就越好[23]。聚类系数常被用作判断网的局部鲁棒性的指标[10]。此外，密度和异质性也被用于分析体育团队中队友的合作行为[13]。其实验结果表明，密度和异质性等网络指标可以表征体育团队中队友的互动关系。

3.3　体育社交网络模型

图 3.4 显示了一个建模团队行为和团队绩效的框架，包括三个部分：输入、模型和输出。运动员的个人行为和表现、体育团队的行为和表现及其他数据通常被用作体育社交网络模型的输入。模型部分主要包括两个方面：社交网络分析和机器学习。在社交网络分析方面，经常使用以下方法，如中心性及其变体、熵和聚类系数。社交网络分析模型主要用于以下三个方面：（1）分析体育团队行为动力学和体育团队的运动成绩；（2）评价体育团队的行为和成绩；（3）预测团队行为和绩效。

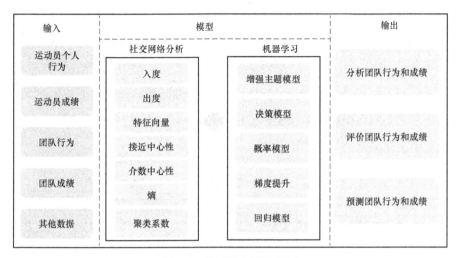

图 3.4　体育社交网络模型

在团队运动研究中，分析团队行为和团队绩效是重要且有意义的。在过去的十年中，研究人员在这一领域取得了一些显著的成就，见表 3.3。在团队运动成绩分析中，社交生物学模型被用来解释运动员之间的重复互动是如何发生的[35]。一个时空双线的基础模型被用于时空表示，其目的是发现与比赛事件相关的团队行为模式[36]。此外，他们还提出了一种视觉分析工作流，用于检测和探索团队运动的有趣特征。在这个研究中，使用了以下分类模型，包括逻辑模型树、逻辑基础、功能树、决策树和支持向量机，这些模型主要用于选择团队运动中有趣的情况，并划分为有趣和无趣。一个团队战术主题模型被开发，其目的是学习潜在的战术模式，同时建模足球队中球员之间的位置和传球关系[37]。两个具有代表性的决策模型包括自适应动力学和模仿动力学被用来分析进化博弈动力学[38]。在自适应过程中，运动员可以自适应地调整他们的策略，使其朝向最大回报。在模仿过程中，运动员通过模仿邻近运动员的策略来调整自己的策略。实验结果表明，邻近的运动员对每个运动员的反馈可以改变自适应动力学的偏离趋势。一个足球队的动态分析模型被提出，该模型由两个子模型组成，一个模型探索球队动力学的幂律分布和分数阶，另一个模型用来解释联赛赛季，概括来说，这两个模型就是用来分析球队的行为[39]。基于六届欧洲联赛中6000多场比赛和1000万个事件，一个关系模型被提出，该模型用于量化绩效和成功之间的关系，实验结果表明足球队的典型绩效与球队的成功密切相关[40]。一个多级超网络模型也被提出，该模型包括三个层次的分析，其目的是捕获竞争团队绩效的协同作用[41]。

表3.3 2012—2021年体育社交网络分析的代表性模型

模型	文献	社交网络	异构或同构网络	目的
社会生物学模型	[35]	运动员传球网络	同构网络	分析团队体育成绩
时空双线性的基础模型	[36]	位置传球网络	同构网络	形成紧凑的时空表示
增强的主题模型	[35]	位置传球网络	同构网络	辨别运动团队的战术模式
分类模型	[42]	位置传球网络	同构网络	选择有趣的情景，划分有趣和无趣的间隔
决策模型	[38]	复杂网络	同构网络	分析网络中比赛的动态
概率图模型	[43]	位置传球网络	同构网络	描绘运动员运动行为的过程
基于分数微积分概念的概率模型	[39]	位置传球网络	同构网络	描绘足球团队的复杂行为动态
梯度提升	[21]	位置传球网络	同构网络	一个足球输赢预测系统
丰富信息的传球网络模型	[44]	运动员传球网络	同构网络	研发在比赛中获得赢球率更高的策略
回归模型	[6]	位置传球网络	同构网络	分析团队行为和预测团队在未来比赛中的成绩

　　评价是体育社交网络模型的一个重要应用。一个贝叶斯非参数模型被提出，其目的是在竞争状态下的体育比赛中学习瞬时博弈策略[42]。实验结果表明，该模型提供了一组自然的度量标准，便于在多个时间尺度下进行分析，并提供了一种评价社交行为的方法。基于反向传播神经网络和非交叉层次分析法，一个团队绩效评价模型被开发，其目的是分析和建模团队合作及绩效评价[41]。基于位置跟踪数据的战术特征，一个团队绩效评价模型被提出，其目的在于评价职业足球比赛中战术行为与比赛绩效之间的关系[45]。

　　在体育大数据研究中，与评价研究相比，预测运动队队员的成绩和行为更有意义。概率图模型被用来描述运动员集体行为的生成过程，包括两个方面：推断个体运动员行为以分解集体行为，学习个体运动员行为来预测集体行为[43]。一个预测足球运动员输赢系统的框架被开发，该框架主要基于社交网络分析技术和梯度提升算法[44]。研究者将该框架与支持向量机、神经网络、决策树、基于实例的推理和逻辑回归进行了比较，研究结果表明，足球胜负预测框架能够预测足球队的成绩。一个精英网球绩效模型被开发，用于识别复杂的关系，包括相互关联的对象、过程和价值。在个人绩效模型和团队绩效模型的基础上，一种信息丰富的传球网络模型被提出，该模型主要依赖抑制函数来优化传球网络[44]。该模型将运动员的协调性、适应性、灵活性和节奏感整合到传球网络中，其目的是在足球社交网络中挖掘有效的比赛策略。一个粗粒度的运动模型被开发，用于表示传球网络，并基于该传球网络，开发了新的预测模型来预测球队未来的表现，用于探索在比赛某个阶段得分的可能性[46]。其实验结果表明，该模型在预测足球比赛的正确分段结果方面具有较高的准确性。精英橄榄球比赛中团队行为和团队绩效分析是探索团队运动的关键性研究，有两个模型被开发用来处理上述任务。一个是混合效应多项式回归模型，该模型用于识别位置组之间的差异；另一个是混合效应二项逻辑回归模型，该模型用于分析团队网络指标与匹配结果之间的关系[6]。

3.4　挑战性的问题

3.4.1　利用多视角学习挖掘体育团队成功的基因

挖掘团队成功的基因就是挖掘推动体育团队成功的关键因素，这些因素可能是显性的，也可能是隐性的。最重要的是这些因素能够推动球队在比赛中取得成功。发现推动比赛胜利的决定性因素是一项重要而富有挑战性的任务。体育社交网络经历了从同构网络到异构网络的转变，从非结构化量化到结构化量化的转变。如何构建一个异构的体育社交网络？如何建模异构的团队行为和不同体育实体之间的相互作用？如何使用结构化的定量方法来探索团队成功的基因？这些研究都是非常有意义和具有挑战性的任务。多视角学习和异构体育社交关系表征可以为其提供一种解决方案。

3.4.2　基于图网络评价体育团队合作的影响力

对团队运动的研究主要集中于团队运动行为评价和团队绩效评价。然而，很少有人关注团队合作的影响力评估。就像足球和篮球一样，两者都是团队运动，球员之间的合作可能会导致意想不到的结果，如进球。运动员合作的影响力是团队绩效评估的一个重要方面。运动员合作的影响评价不仅影响球队的表现，而且影响运动队能否持续发展。因此，如何构建异构协作网络，以及如何量化团队合作的影响力是具有挑战性的问题。基于模体的图网络可以表示高阶关系，PageRank 等结构化评估模型可以提供一个评估团队合作影响力的解决方案。

3.4.3　利用图神经网络发现最佳搭档

很少有研究人员关注体育团队中的最佳搭档。然而，团队中的每个运动员都有一个或几个最好的搭档。通过与最好的合作伙伴合作，可以增加运动员进球或提供进球的绝佳机会。每个运动员在每场比赛中都与最佳搭档合作，这可能会产生最好的结果。如果每个运动员都能在每场比赛中与最佳搭档一起进攻或防守，那么可能会取得最佳成绩。因此，研究运动员的最佳搭档是一项有意义且具有挑战性的任务。构建运动员合作对的注意力关注图网络，并应用结构化定量方法可能会提供解决方案。

3.4.4　基于属性卷积神经网络发现体育新星

一支团队的可持续发展不仅取决于队伍中的精英运动员，还取决于不断挖掘队伍中的新星。团队中的新星是指在职业生涯初期且很可能成为未来精英的运动员，即体育团队的核心运动员。发现体育新星不仅有助于体育团队的可持续发展，而且可以指导国家资金的分配。然而，迄今为止，基于体育社交网络，很少有文献研究如何挖掘、评估和预测体育团队的新星。如何构建体育社交网络，以及如何利用体育社交网络分析技术和建模方法来解决这一问题，是一项具有挑战性的任务。基于体育团队成功的基因、团队成员的不同类型属性及卷积神经网络可以为其提供解决方案。

3.5　本章小结

本章对体育社交网络进行了较为全面的综述，重点介绍了体育社交网络分析、体育社交网络模型及面临的问题和挑战。体育社交网络领域有几个转变：（1）从同构社交网络分析转向异构社交网络分析；（2）从简单的中心性度量到数据驱动的团队绩效预测；（3）从团队行为分析到团队行为预测。虽然研究人员已经为体育社交网络提供了一些分析方法和模型，但一些关键问题还有待解决，如挖掘体育团队成功的基因、体育团队合作的影响力评价、利用图网络发现最佳搭档及发现体育新星等。

参考文献

[1] MENG D，SUN L，TIAN G. Dynamic mechanism design on social networks[J]. Games and Economic Behavior，2022，131：84–120.

[2] BOYD D M，ELLISON N B. Social network sites：Definition，history，and scholarship[J]. Journal of Computer-Mediated Communication，2007，13（1）：210–230.

[3] TOWLSON C，ABT G，BARRETT S，et al. The effect of bio-banding on academy soccer player passing networks：Implications of relative pitch size[J]. PloS One，2021，16（12）：e0260867.

[4] BAI Z，BAI X. Sports big data：Management，analysis，applications，and challenges[J]. Complexity，2021，2021：6676297.

[5] FRANSEN K，VAN PUYENBROECK S，LOUGHEAD T M，et al. The art of athlete leadership：Identifying high-quality athlete leadership at the individual and team level through social network analysis[J]. Journal of Sport and Exercise Psychology，2015，37（3）：274–290.

[6] NOVAK A R，PALMER S，IMPELLIZZERI F M，et al. Description of collective team behaviours and team performance analysis of elite rugby competition via cooperative network analysis[J]. International Journal of Performance Analysis in Sport，2021，21（5）：804–819.

[7] PARK S U，AHN H，KIM D K，et al. Big data analysis of sports and physical activities among Korean adolescents[J]. International Journal of Environmental Research and Public Health，2020，17（15）：5577.

[8] HAIYUN Z，YIZHE X. Sports performance prediction model based on integrated learning algorithm and cloud computing Hadoop platform[J]. Microprocessors and Microsystems，2020，79：103322.

[9] FREEMAN L C. Centrality in social networks conceptual clarification[J]. Social Networks, 1978, 1 (3): 215–239.

[10] ZHANG J, ZHAO X, WU Y, et al. Analysis and modeling of football team's collaboration mode and performance evaluation using network science and BP neural network[J]. Mathematical Problems in Engineering, 2020, 2020: 7397169.

[11] GUDMUNDSSON J, HORTON M. Spatio-temporal analysis of team sports[J]. ACM Computing Surveys (CSUR), 2017, 50 (2): 1–34.

[12] WARNER S, BOWERS M T, DIXON M A. Team dynamics: A social network perspective[J]. Journal of Sport Management, 2012, 26 (1): 53–66.

[13] CLEMENTE F M, MARTINS F M L, COUCEIRO M S, et al. A network approach to characterize the teammates' interactions on football: A single match analysis[J]. Cuadernos de Psicología del Deporte, 2014, 14 (3): 141–148.

[14] KORTE F, LINK D, GROLL J, et al. Play-by-play network analysis in football[J]. Frontiers in Psychology, 2019, 10: 1738.

[15] GONÇALVES B, COUTINHO D, SANTOS S, et al. Exploring team passing networks and player movement dynamics in youth association football[J]. PloS One, 2017, 12 (1): e0171156.

[16] KORTE F, LAMES M. Characterizing different team sports using network analysis[J]. Current Issues in Sport Science (CISS), 2018, 3: 1–11.

[17] SASAKI K, YAMAMOTO T, MIYAO M, et al. Network centrality analysis to determine the tactical leader of a sports team[J]. International Journal of Performance Analysis in Sport, 2017, 17 (6): 822–831.

[18] LOUREIRO M, HURST M, VALONGO B, et al. A comprehensive

mapping of high-level men's volleyball gameplay through social network analysis：Analysing serve，side-out，side-out transition and transition[J]. Montenegrin Journal of Sports Science and Medicine，2017，6（2）：35.

[19] KAWASAKI T，SAKAUE K，MATSUBARA R，et al. Football pass network based on the measurement of player position by using network theory and clustering[J]. International Journal of Performance Analysis in Sport，2019，19（3）：381-392.

[20] CLEMENTE F M，MARTINS F M L. Who are the prominent players in the UEFA Champions League? An approach based on network analysis[J]. Walailak Journal of Science and Technology（WJST），2017，14（8）：627-636.

[21] CHO Y，YOON J，LEE S. Using social network analysis and gradient boosting to develop a soccer win-lose prediction model[J]. Engineering Applications of Artificial Intelligence，2018，72：228-240.

[22] CINTIA P，RINZIVILLO S，PAPPALARDO L. Proceeding of Machine Learning and Data Mining for Sports Analytics Workshop，September 7-11，2015[C]. Springer，2015.

[23] CLEMENTE F M，COUCEIRO M S，MARTINS F M L，et al. Using network metrics to investigate football team players' connections：A pilot study[J]. Motriz：Revista de Educação Física，2014，20：262-271.

[24] MENDES R S，CLEMENTE F M，MARTINS F M L. Network analysis of Portuguese team on FIFA World Cup 2014[J]. E-balonmano. com：Revista de Ciencias del Deporte，2015，11（2）：225-226.

[25] OLIVEIRA P，CLEMENTE F M，MARTINS F M L. Identifying the centrality levels of futsal players：A network approach[J]. Journal of Physical Education and Sport，2016，16（1）：8-12.

[26] CLEMENTE F M, SARMENTO H, AQUINO R. Player position relationships with centrality in the passing network of World Cup soccer teams: Win/loss match comparisons[J]. Chaos, Solitons & Fractals, 2020, 133: 109625.

[27] YU Q, GAI Y, GONG B, et al. Using passing network measures to determine the performance difference between foreign and domestic outfielder players in Chinese Football Super League[J]. International Journal of Sports Science & Coaching, 2020, 15 (3): 398–404.

[28] MARTINS J B, AFONSO J, COUTINHO P, et al. The attack in volleyball from the perspective of social network analysis: Refining match analysis through interconnectivity and composite of variables[J]. Montenegrin Journal of Sports Science and Medicine, 2021, 10 (1): 45–54.

[29] MARQUÉS-SÁNCHEZ P, BENÍTEZ-ANDRADES J A, SÁNCHEZ M D C, et al. The socialisation of the adolescent who carries out team sports: A transversal study of centrality with a social network analysis[J]. BMJ Open, 2021, 11 (3): e042773.

[30] LUS V, DUARTE A, KEITH D, et al. Science of winning soccer: Emergent pattern-forming dynamics in association football[J]. Journal of Systems Science and Complexity, 2013, 26 (1): 73–84.

[31] RAMOS A, COUTINHO P, SILVA P, et al. How players exploit variability and regularity of game actions in female volleyball teams[J]. European Journal of Sport Science, 2017, 17 (4): 473–481.

[32] RAMOS A, COUTINHO P, SILVA P, et al. Entropy measures reveal collective tactical behaviours in volleyball teams: How variability and regularity in game actions influence competitive rankings and match

status[J]. International Journal of Performance Analysis in Sport，2017，17（6）：848–862.

[33] LOPES A M，TENREIRO MACHADO J A. Entropy analysis of soccer dynamics[J]. Entropy，2019，21（187）：1–14.

[34] MARTINS F，GOMES R，LOPES V，et al. Node and network entropy—A novel mathematical model for pattern analysis of team sports behavior[J]. Mathematics，2020，8（9）：1543.

[35] DUARTE R，ARAÚJO D，CORREIA V，et al. Sports teams as superorganisms[J]. Sports Medicine，2012，42（8）：633–642.

[36] WEI X，SHA L，LUCEY P，et al. Proceeding of 2013 International Conference on Digital Image Computing：Techniques and Applications（DICTA），November 26–28，2013[C]. IEEE，2013.

[37] WANG Q，ZHU H，HU W，et al. Proceedings of the 21th ACM SIGKDD International Conference on Knowledge Discovery and Data Mining，August 10–13，2015[C]. ACM，2015.

[38] TAN S，WANG Y，LÜ J. Analysis and control of networked game dynamics via a microscopic deterministic approach[J]. IEEE Transactions on Automatic Control，2016，61（12）：4118–4124.

[39] MACHADO J A T，LOPES A M. On the mathematical modeling of soccer dynamics[J]. Communications in Nonlinear Science and Numerical Simulation，2017，53：142–153.

[40] PAPPALARDO L，CINTIA P. Quantifying the relation between performance and success in soccer[J]. Advances in Complex Systems，2018，21（03n04）：1750014.

[41] RIBEIRO J，SILVA P，DAVIDS K，et al. A multilevel hypernetworks approach to capture properties of team synergies at higher complexity

levels[J]. European Journal of Sport Science, 2020, 20 (10): 1318–1328.

[42] STEIN M, HÄUßLER J, JÄCKLE D, et al. Visual soccer analytics: Understanding the characteristics of collective team movement based on feature-driven analysis and abstraction[J]. ISPRS International Journal of Geo-Information, 2015, 4 (4): 2159–2184.

[43] QIN Z, KHAWAR F, WAN T. Collective game behavior learning with probabilistic graphical models[J]. Neurocomputing, 2016, 194: 74–86.

[44] ZHAO T, CUI N, CHEN Y, et al. Efficient strategy mining for football social network[J]. Complexity, 2020, 2020: 8823189.

[45] GOES F R, KEMPE M, VAN NOREL J, et al. Modelling team performance in soccer using tactical features derived from position tracking data[J]. IMA Journal of Management Mathematics, 2021, 32 (4): 519–533.

[46] KUSMAKAR S, SHELYAG S, ZHU Y, et al. Machine learning enabled team performance analysis in the dynamical environment of soccer[J]. IEEE Access, 2020, 8: 90266–90279.

第4章 基于异构网络的合作者影响力评估❶

尽管研究人员对探索学术合作模式和合作网络结构越来越感兴趣，但是合作者的合作影响力是如何演进的仍保留未知。本章主要探索在学术生涯中，合作者影响力是如何改变的。为了探索此问题，首先，构建了合作–引用网络。其次，基于该网络，提出了结构化合作者排名（SCIRank）模型，该模型主要用于量化合作者影响力和论文的影响力。最后，对比不同方法的排名，包括 SCIRank、网页排名（PageRank）和引用量。结果表明，SCIRank不仅能够揭示合作者影响力的变化，而且也能识别具有突出影响力的学术论文，如诺贝尔奖论文。

4.1　引言

在学术界，作者的合作行为是普遍存在的[1]，不同的研究者可以共享数据，发挥他们各自所长，以便实现研究上的突破及保证高质量地完成研究工作[2]。就学术合作而言，各种研究主题被探索，主要包括学术网络合作的结构[3]、量化合作关系的强度[4]、分析学术合作模式[2]、构建学术合作模

型[5]、理解学术合作的可持续性[6]、探索学术合作伙伴的种族多样性[7]、度量学者之间学术合作的稳定性[8]及团队合作[9]等。

尽管研究者已经对学术合作进行了广泛的研究，但是关于学者之间合作影响力的演变还是未知的。为了探索这个未知领域，本章采用结构化的度量方法来研究合作者之间合作影响力的变化。为此，我们构建了一个合作–引用网络，如图 4.1 所示。

图 4.1（a）显示一个异构的有向的合作–引用网络，该网络是根据论文之间的引用关系及作者的合作关系来构建的。论文 P_1 和论文 P_2 之间的链接表示两篇论文的引用关系，即论文 P_1 引用论文 P_2。论文 P_1 署名作者包括作者 a_1、作者 a_2、作者 a_3，他们之间是学术合作关系，其中作者 a_1 为该篇论文的第一作者。作者 a_2、作者 a_3 均链接到作者 a_1，即指向作者 a_1，也就是说指向该篇论文的第一作者。同理，论文 P_2 署名作者包括作者 a_2、作者 a_1、作者 a_4，他们之间也是学术合作关系，其中作者 a_2 为该篇论文的第一作者，所以作者 a_1 和作者 a_4 也指向作者 a_2。我们将构建的有向合作–引用网络重新构建，如图 4.1（b）所示。在这个重构的有向合作–引用网络中，我们用一个节点表示合作关系，替换了原来的合作者对，如用 $a_{1,3}$ 替换了 a_1 和 a_3，用 $a_{1,2}$ 替换了 a_1 和 a_2，用 $a_{2,4}$ 替换了 a_2 和 a_4。这样，论文 P_1 和两个节点相连，即 $a_{1,3}$ 和 $a_{1,2}$。其中，双向箭头指示论文 P_1 由作者对 $a_{1,3}$ 和 $a_{1,2}$ 共同所著，论文 P_2 由作者对 $a_{2,4}$ 和 $a_{2,1}$ 共同所著。同时，也表示作者对 $a_{1,3}$ 和 $a_{1,2}$ 共同完成了论文 P_1，作者对 $a_{2,4}$ 和 $a_{2,1}$ 共同完成了论文 P_2。可见，作者对 $a_{1,2}$ 不仅参与了论文 P_1 的工作，而且也参与了论文 P_2 的工作。基于这个重构的合作–引用网络，我们利用 PageRank 算法量化每个合作者对的影响力。如果某篇论文获得更多引用量，那么这篇论文将有一个更高的 PageRank 评分。

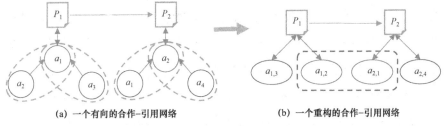

(a) 一个有向的合作–引用网络　　　　(b) 一个重构的合作–引用网络

图 4.1　一个异构的合作–引用网络举例

关于本章，我们的主要贡献如下：

（1）提出了一个结构化的度量方法，即 SCIRank 模型，用于量化学术合作的影响力。

（2）构建了一个异构的有向的合作–引用网络，基于该网络和 PageRank 算法，量化了学术合作者的影响力和论文的影响力。

（3）使用美国物理协会（APS）数据集作为实验的数据集。实验结果表明，SCIRank 模型不仅能够揭示合作者对的影响力，而且也能识别具有突出影响力的论文。

4.2　相关工作

研究者在量化学术影响力方面已经开展了各种工作[10]。在学术论文影响力评价研究中，最具代表性的非结构化的度量指标就是引用量，该指标被广泛地应用，如用来度量论文影响力、学者影响力和期刊的影响力。除了非结构化的度量指标外，研究者也在探索结构化的度量方法。例如，陈等[11]利用 PageRank 算法量化论文的影响力。白等[10]开发了一个高阶加权的量子 PageRank 算法，其目的是更好地捕获论文的影响力。在这个研究中，自引能够很好地被区分。王等[12]通过分析兴趣偏好、衰减率和适应度来预测论文被引的概率。白等[13]通过分析驱动论文影响力改变的固有属性来预测学术论文的影响力。

对于作者影响力评价研究，一个开创性的评价指标就是 H 指数，该指数衍生出许多变体，如 g 指数、hg 指数、w 指数、e 指数、EM 指数、EM′ 指数和基于年份的 EM 指数。就学者影响力预测而言，其预测方法可分为三类，包括特征驱动的预测方法、生成的预测方法和基于网络的预测方法[14]。

学术机构评价一直是研究者热衷的研究方向，然而，机构影响力评价是存在很大难度的，主要在于机构组成复杂，包括学者、学术成果等[15]。就目前学者的研究而言，机构影响力评价可分为非结构化的度量和结构化的度量[16]。PageRank 算法被用于评价大学的影响力，该方法避免了软科世界大学学术排名和 QS 世界大学排名的缺点。白等[17]设计了 IPRank 模型用于评价机构和论文的影响力。在这个模型中，一个异构的机构–引用网络被构建，该模型能够反映引用、机构及结构化度量的效用。

先前的研究大多集中在探索科学合作模式[18]、合作动态[19]、合作的兴趣偏好[20]、学术合作的稳定性[8]、合作价值及合作关系的强弱[4]，本章所提及的方法主要用于量化合作者的合作影响力。

4.3 方法

4.3.1 数据集与预处理

本章的研究基于美国物理协会（APS）数据集，该数据集覆盖 1893—2013 年的数据。这个数据集提供与学术论文相关的重要特征，如论文题目、出版的期刊或会议、出版的日期及署名的作者等。

在本章研究中，我们按照以下约定从 APS 数据集中选择实验的数据：（1）每篇学术论文必须包含作者和机构信息；（2）对于学术论文署名作者超过 10 个的，保留前 10 名作者；（3）由于 APS 数据集中的数据没有进行同名区分，所以将该数据集进行了同名区分。在 APS 数据集中，有不到 15 000 篇论文缺少作者或缺少机构信息，这些存在作者或机构缺失的数据，将其删除，也就是说，这些数据不被用作实验数据。最后，我们用作实验的数据超过 526 000 篇学术论文。接近 20 000 篇论文，其署名作者超过 10 个，大约占论文总数的 3.5%。这个发现与参考文献[21]中的发现一致。我们将这些论文的作者仅保留前 10 个并和其他论文一起用于实验数据。也就是说，我们的实验数据约定（1）中对于从 APS 数据集中选择的论文，其每个署名作者至少有一个所属机构，这一点对约定（3）是非常重要的。此外，识别 APS 数据集中的作者是非常重要的，我们参照参考文献[21]中的方法，对本章实验数据进行同名区分。经过以上预处理，用于实验的 APS 数据集中包含 555 597 名作者、526 962 篇论文及 904 650 个作者对。

图 4.2 显示了 APS 数据集 1893—2013 年我们用作实验的论文数量、参考文献数量、合作者对的数量及论文之间的链接数量。论文之间的链接，在本章表示引用关系。根据图 4.2，我们能观察到，随着时间的推移，不但是学术论文、参考文献、引用量呈现上涨趋势，而且合作者对的数量也呈现上升趋势。

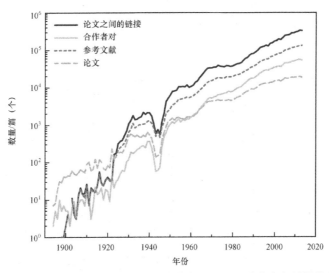

图 4.2　刻画论文数量、参考文献数量、合作者对数量和论文之间链接数量的动态

1920 年前，学术论文的数量要多于引用量、合作者对和其参考文献的数量。1920—1930 年，先前的趋势改变了，引用活动变得相对频繁。1930

年之后，学术论文的引用量远远多于学术论文的数量。1940—1945 年，学术论文数量、参考文献数量、引用量及合作者对数量均呈下降趋势，显示这一时期的科学活动受到第二次世界大战的严重影响。1946 年之后，学术论文数量、参考文献数量、引用量及合作者对数量呈现稳步攀升趋势。

图 4.3（a）显示了 1909—1913 年，即第一次世界大战前不同国家学术论文产量的对比；图 4.3（b）显示了 1914—1918 年，即第一次世界大战期间不同国家学术论文产量的对比。

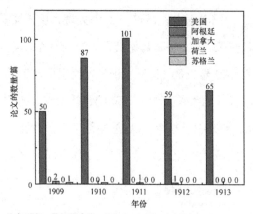

从左到右，数据依次为： 50, 0, 2, 0, 1; 87, 0, 0, 1, 0; 101, 0, 1, 0, 0; 59, 1, 0, 0, 0; 65, 0, 0, 0, 0。

(a) 1909—1913 年论文产量对比

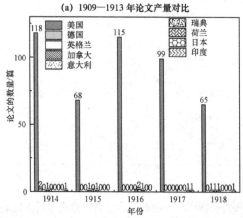

从左到右，数据依次为： 118, 2, 0, 1, 0, 0, 0, 0, 1; 68, 0, 0, 1, 0, 1, 0, 0, 0; 115, 0, 0, 0, 0, 2, 1, 0, 0; 99, 0, 0, 0, 0, 0, 0, 1, 1; 65, 0, 1, 1, 1, 0, 0, 0, 1。

(b) 1914—1918 年论文产量对比

图 4.3 在 APS 数据集中第一次世界大战前后各国出版论文数量的对比

从图 4.3 中可以观察到,美国在 APS 数据集中发表的论文数量最多。与第二次世界大战相比,第一次世界大战对科学活动的影响较小。第二次世界大战后,合作者对的数量逐渐增加,并高于学术论文的数量,这表明科学研究人员已积极探索通过合作提高研究质量的方法。在 20 世纪 60 年代之前,论文的数量大于合作者对的数量,这表明早期作者更倾向于独立完成科学工作。1970 年后,合作者对的数量高于学术论文的数量。这背后的一个原因可能就是 1969 年互联网的出现,促进了研究者之间的学术合作。

为了量化学术生涯中合作者的合作影响力,一个异构的有向的合作–引用网络被构建,该网络包含学术论文、学术论文之间的引用关系、论文和合作者之间的关系、合作者之间的关系。在接下来的章节中,我们将详细介绍合作者影响力评估模型,即 SCIRank 模型。

4.3.2　SCIRank 模型框架

在本小节,我们介绍学术合作影响力排序模型,该模型被命名为 SCIRank。SCIRank 模型框架首先构建一个异构的有向的学术网络,即合作–引用网络,然后,基于合作–引用网络,结合 PageRank 算法评价合作者影响力和论文的影响力。最后,合并合作者影响力,进而按顺序排列合作者和论文的影响力。SCIRank 模型框架的核心思想是在异构学术网络中,实现量化合作者对和学术论文的影响力。

4.3.2.1　构建合作–引用网络

现有研究中有大量文献聚焦于引用网络,其目的是基于引用网络量化学术论文的影响力和学者的影响力[22]。也有一些作者着手研究结构化的学术影响力评价方法,更深层地理解学术实体影响力的评价。然而,据我们所知,合作–引用网络还未用于量化学术影响力。此处提到的合作–引用网络包括两类节点:论文和合作者对。论文之间、论文和合作者对之间均有链接,论文之间的链接表示引用关系,合作者对和论文之间表示共著关系。合作–引用网络的构建,使在异构网络中量化合作者对的影响力和论文的影响力成为可能。

给定一个合作者对的集合 $C = C_1, C_2, \cdots, C_x$ 和学术论文集合 $P = P_1,$ $P_2, \cdots, P_y$。E_{PP} 表示学术论文之间的引用关系,E_{PC} 表示学术论文和合作者对之间的关系。这样,一个异构的合作–引用网络能够表示成一个图 $G_r = (C \bigcup P,\ E_{PP} \bigcup E_{PC})$。对于一个包含 x 个合作者对和 y 篇学术论文的合作–引用网络,图 G_r 可以用一个邻接矩阵 U 表示:

$$U = \begin{pmatrix} U_{PP} & U_{PC} \\ U_{CP} & 0 \end{pmatrix} \tag{4.1}$$

其中,U_{PP} 表示论文之间的引用矩阵,U_{PC} 和 U_{CP} 表示合作者对和论文之间的链接矩阵。由于合作者对和论文之间的链接是对称的,所以 $A_{PC} = A_{CP}^{\mathrm{T}}$。

4.3.2.2 SCIRank 模型

SCIRank 模型主要用于反映学术论文以下方面的属性:(1)如果一篇论文被许多其他论文引用,那么这篇论文具有较高的重要度;(2)如果一篇带有较高重要度的论文被链接到其他论文上,那么被链接的论文的重要度也相应地增加;(3)如果一个合作者对出版了许多篇论文,而且这些论文被许多其他论文引用,那么这对合作者对有较高的重要度;(4)如果一篇带有较高重要度的学术论文被链接到一个合作者对,那么这对合作者对的重要度也会相应地增加。

图 4.4 显示了 SCIRank 模型的一个小例子,该实例中包含两篇学术论文和三个合作者对。其中,两篇学术论文分别为论文 P_1 和论文 P_2,三对合作者对分别为合作者对 C_1、合作者对 C_2 和合作者对 C_3。论文 P_1 有两个合作者对 C_1 和 C_2。合作者对 C_1 由作者 a_1 和作者 a_3 组成,而合作者对 C_2 由作者 a_1 和作者 a_2 组成。同样地,论文 P_2 有两个合作者对 C_2 和 C_3。合作者对 C_3 由作者 a_2 和作者 a_4 组成。特别地,论文 P_1 和论文 P_2 均包含相同的

合作者对 C_2。论文 P_1、论文 P_2 与合作者对 C_1、C_2 和 C_3，以及它们之间的链接就构成一个异构的有向的合作–引用网络。

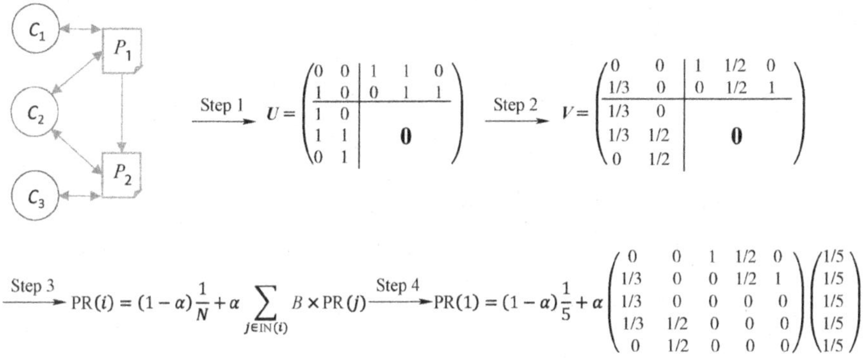

Step 1
$$U=\begin{pmatrix} 0 & 0 & 1 & 1 & 0 \\ 1 & 0 & 0 & 1 & 1 \\ 1 & 0 & & & \\ 1 & 1 & & \mathbf{0} & \\ 0 & 1 & & & \end{pmatrix}$$

Step 2
$$V=\begin{pmatrix} 0 & 0 & 1 & 1/2 & 0 \\ 1/3 & 0 & 0 & 1/2 & 1 \\ 1/3 & 0 & & & \\ 1/3 & 1/2 & & \mathbf{0} & \\ 0 & 1/2 & & & \end{pmatrix}$$

Step 3
$$PR(i)=(1-\alpha)\frac{1}{N}+\alpha\sum_{j\in IN(i)}B\times PR(j)$$

Step 4
$$PR(1)=(1-\alpha)\frac{1}{5}+\alpha\begin{pmatrix} 0 & 0 & 1 & 1/2 & 0 \\ 1/3 & 0 & 0 & 1/2 & 1 \\ 1/3 & 0 & 0 & 0 & 0 \\ 1/3 & 1/2 & 0 & 0 & 0 \\ 0 & 1/2 & 0 & 0 & 0 \end{pmatrix}\begin{pmatrix} 1/5 \\ 1/5 \\ 1/5 \\ 1/5 \\ 1/5 \end{pmatrix}$$

图 4.4 SCIRank 模型

U 表示图 G_r 的邻接矩阵，V 表示矩阵 U 的转移概率矩阵，随机矩阵 S 表示合作–引用网络。对于一个节点 i，$S(i)$ 能由式（4.2）计算：

$$S(i)=(1-\alpha)\frac{1}{L}+\alpha\sum_{j\in IN(i)}V\times S(j) \tag{4.2}$$

其中，$S(i)$ 表示在合作–引用网络中节点 i 的重要度；参数 α 表示一个常量，该值介于 0~1，在本章的实验中，该值被设置为 0.85，参数 α 的取值参考了谷歌 PageRank 算法；L 表示合作–引用网络中节点的数量；j 表示节点 i 的邻接节点，$j\in IN(i)$ 表示节点 j 是节点 i 的入度。PageRank 算法如同随机游走，从某个节点 i 出发，若概率为 $1-\alpha$，跳到离当前节点最近的节点，或者概率为 α，在当前节点停止。根据式（4.2），最终在合作–引用网络中能够计算出合作者对和论文影响力的评分。SCIRank 模型的算法如下：

排序合作者对和学术论文

输入：矩阵 U_{PP}、U_{PC}、U_{CP}

输出：$S(i)$ 的评分

初始化矩阵 U

计算转移概率矩阵 V

初始化 $S(i)$ 的评分

For 节点 i do，//（i 在合作–引用网络中）

步骤 1：根据式（4.2）计算 $S(i)$ 的评分

步骤 2：更新 $S(i)$ 的评分

重复执行步骤 1 和步骤 2 直至收敛

Return $S(i)$ 的评分

4.4　实验结果

4.4.1　在科学合作生涯中的产量模式

图 4.5 显示了在学术合作生涯中的产量模式。图 4.5（a）显示一个合作者对的合作模式。水平轴表示年份 t，该年份是指合作者对从第一次合作以后的年份。当 t=0 时，表示合作者对第一次合作的年份。纵轴表示合作者对合作的论文数量 $N(t)$。给定一个合作者对，他们每年共同出版的论文数量可以通过图 4.5（a）表示出来。该图表示的是诺贝尔奖获得者阿卜杜勒·萨拉姆和他的学术伙伴马修斯跨越八年合作时长发表的论文情况。合作者对的奇迹年 m 在本章所指的是合作者对共同出版论文最多的年份，即 $N(m)=\max\{N(t)\}$。

从图 4.5（a）可知，阿卜杜勒·萨拉姆和他的学术伙伴马修斯在合作的第七年发表的论文数量最多，那么他俩的奇迹年 m=7。而他俩在奇迹年出版的论文数量 $N(m)=3$。

图 4.5（b）刻画所有合作者对发表的论文数量 $N(t)$ 的柱状图，用于显

示发表论文的最大值、最小值、中位数及上四分位数、下四分位数。不同合作者对发表论文的第一和第三分位数较接近，如当合作时长 t=5、10、20时。对于不同的合作时长，合作者对发表论文数量的中位数小于 1。

图 4.5（c）显示具有高、中、低影响力的合作者对每年论文的平均产量。水平轴表示合作者对出版论文的年份，纵轴表示三类合作者对在不同年份的平均产量。从图 4.5（c）中可以观察到，中影响力的合作者对出版平均论文的数量要高于高影响力的合作者对出版的平均论文数量。这个现象说明，高影响力的合作者可能花更多的时间来提升论文的质量。

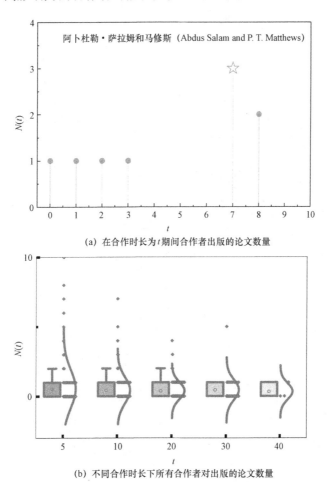

（a）在合作时长为 t 期间合作者出版的论文数量

（b）不同合作时长下所有合作者对出版的论文数量

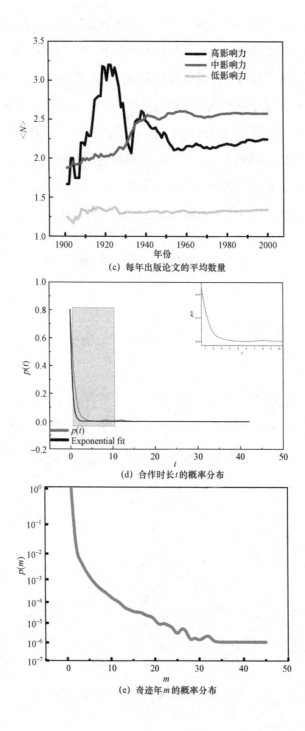

（c）每年出版论文的平均数量

（d）合作时长 t 的概率分布

（e）奇迹年 m 的概率分布

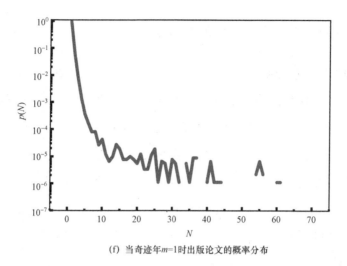

(f) 当奇迹年 m=1 时出版论文的概率分布

图 4.5　在学术合作生涯中的产量模式

4.4.2　合作时长和昙花一现

图 4.5（d）显示合作者对在合作时长 t 时的概率分布，该图曲线的尾部近似为指数分布。$P(t=0)$ 表示合作生涯昙花一现的百分比，即所有合作生涯在同一年开始也在同一年结束。一个有趣的发现是，似昙花一现的合作的比例非常高，约为 80%。这一研究结果与皮特森的研究[4]相一致，表明合作网络以弱关系为主。该图中小的插图揭示了学术界学者之间的合作行为更趋向于短期合作。

图 4.5（e）显示合作者对的奇迹年的概率分布。水平轴表示奇迹年 m，纵轴表示对应奇迹年 m 的概率 $P(m)$。97.7%的合作者对的奇迹年在 t=1。从图 4.5（e）中，我们能观察到，合作者对的奇迹年的概率在不同合作时长的情况下呈现下降趋势。

图 4.5（f）显示在奇迹年 m=1 时，出版论文的概率分布。水平轴表示在奇迹年 m=1 时发表的论文数量，纵轴表示其概率。研究表明，大约 85%的合作者在他们的合作生涯中只发表了1篇论文,论文数的概率呈现衰减趋势。

4.4.3　在科学合作生涯中的影响力模式

图 4.6 显示了合作者合作生涯中的影响力模式。图 4.6（a）显示了在合作–引用网络中达到合作时长 t 时，合作者对的影响力评分，包括最大值、最小值、中位数及合作者对影响力评分的上四分位数和下四分位数。水平轴表示合作时长，纵轴表示合作者对对应的合作影响力的评分。合作者对影响力分数的最大值在不同合作时长期间表现出明显的上升趋势。与合作 5 年和 10 年的合作者对相比，合作 20 年、30 年和 40 年的合作者对数量相对较少。合作时长为 30 年的合作者对的影响力的中位数高于其他合作时长对应的合作者对的影响力的中位数。

图 4.6（b）显示了不同合作时长的合作者对影响力评分的分布。水平轴表示合作者对的影响力评分，纵轴表示合作者对的数量。合作时长越长，合作者对的数量越少。

图 4.6（c）显示了三对合作者对在不同合作时长下的影响力评分，分别表示高、中、低三个层次的影响力。水平轴表示合作时长，纵轴表示合作者对的影响力评分。从图 4.6（c）中，我们能观察到，随着合作时间的增加，具有高影响力的合作者对的影响力评分呈现快速上升趋势，中、低影响力的合作者对的影响力评分呈现下降趋势。具有高、中、低影响力的合作者对在他们合作期间，其论文的产量都可能增加、减少或是交替。

图 4.6（d）显示了具有高、中、低影响力的合作者对每年的平均影响力的动态。水平轴表示年份，纵轴表示平均影响力。从 1900 年到 2000 年，具有高影响力的合作者对年平均影响力评分要高于中、低影响力的合作者对年平均影响力评分。图 4.6（d）中的小插图揭示了三类合作者对年平均影响力的差异。具有高、中、低影响力的合作者对的年平均影响力评分呈现下降趋势，揭示出学术界合作行为变得越来越频繁。

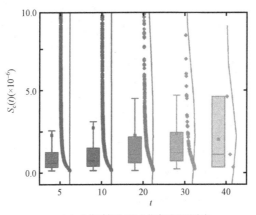

(a) 合作时长为 t 的合作者对的影响力

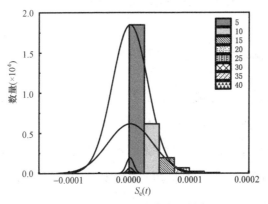

(b) 合作时长为 t 的合作者对的影响力分布

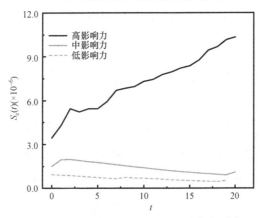

(c) 合作时长为 t 的高、中、低三对合作者对影响力

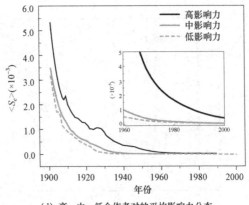

(d) 高、中、低合作者对的平均影响力分布

图 4.6　在学术合作生涯中的影响力模式

4.4.4　合作影响力和"二八定律"

图 4.7 显示了合作影响力和合作者数量。图 4.7（a）刻画了 1893—2013 年所有合作者的数量和排名前 20%合作者的数量，通过观察图 4.7（a），我们能发现合作者数量呈指数增长。水平轴表示年份，纵轴表示合作者的数量。1990 年前，每年合作者的数量少于 100 人，2013 年合作者总数超过 500 500 人。

图 4.7（b）显示了每年总的合作者影响力评分和 80%总的合作者的影响力评分。水平轴表示年份，纵轴表示影响力评分。通过观察该图，我们能发现不管是总的合作者影响力还是 80%总的合作者的影响力均呈现快速增长的趋势。

图 4.7（c）显示了 80%合作者影响力评分和前 20%合作者的影响力评分。通过该图，我们能观察到，自从 1930 年以来，每年排名前 20%的合作者的影响力评分高于 80%总的合作者的影响力评分。据此，我们得到以下结论：80%总的合作者的影响力来源于 20%的合作者。

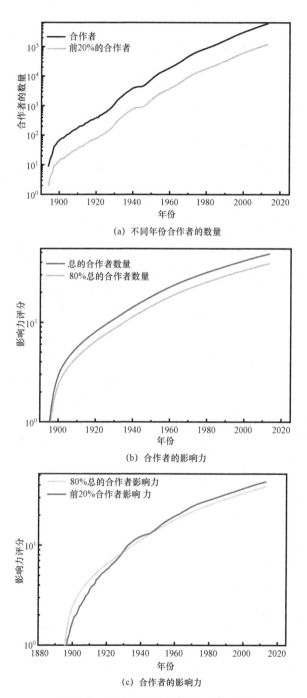

(a) 不同年份合作者的数量

(b) 合作者的影响力

(c) 合作者的影响力

图 4.7 合作者影响力和合作者数量

4.4.5 SCIRank 和突出的影响力

为了测试 SCIRank 模型与突出影响力之间的关系，我们使用了 APS 数据集中的诺贝尔奖论文，见表 4.1。基于 APS 数据集，我们对比了采用 SCIRank、PageRank 和引用量的排名。

值得一提的是，PageRank 算法的排名是基于引用网络的排名；而 SCIRank 的排名是基于合作–引用网络的排名。前者仅仅评价论文的影响力，后者同时评价论文和合作者对的影响力。根据表 4.1，我们能观察到，以排序诺贝尔奖论文为例，基于结构化的排名要高于非结构化的排名，也就是说采用 SCIRank 和 PageRank 的排名要高于引用量的排名。大约 70%的诺贝尔奖论文的 PageRank 排名高于 SCIRank 的排名。对于前 10 名的诺贝尔奖论文，SCIRank 获得排名高于或等于 PageRank 的排名。然而，SCIRank 的召回率高于或等于 PageRank 和引用量的召回率，如图 4.8 所示。该图表明，SCIRank 模型可以识别出具有显著影响力的学术论文，即诺贝尔奖论文。

表 4.1 对比 SCIRank、PageRank 和引用量排序诺贝尔奖论文

论文的数字对象唯一标识 （DOI）	结构化合作者排名 （SCIRank）	引用量	网页排名 （PageRank）
PhysRev.108.1175	4	14	4
PhysRevLett.45.494	9	110	40
PhysRev.73.679	53	268	46
PhysRev.70.460	57	511	34
PhysRev.131.2766	66	58	52
PhysRevLett.61.2472	77	71	343
PhysRevLett.75.3969	83	28	198
PhysRev.76.769	153	1309	83
PhysRevLett.30.1343	166	230	107
PhysRevB.4.3174	177	695	118

续表

论文的数字对象唯一标识 （DOI）	结构化合作者 排名 （SCIRank）	引用量	网页排名 （PageRank）
PhysRevLett.30.1346	180	196	115
PhysRev.75.651	184	4939	106
PhysRev.74.1439	192	4865	108
PhysRev.73.416	232	3044	144
PhysRev.72.241	258	3589	177
PhysRevLett.13.321	331	740	207
PhysRevLett.13.585	372	888	311
PhysRev.76.790	391	2977	232
RevModPhys.28.432	414	340	383
PhysRevLett.59.2631	420	934	802
PhysRevB.39.4828	440	349	1383
PhysRevB.4.3184	471	1030	376
RevModPhys.28.214	813	991	576
PhysRev.124.246	945	192	1118
PhysRev.74.224	1218	124998	919
RevModPhys.47.331	1355	277	1315
PhysRevLett.35.1489	1608	1880	3091
PhysRev.79.549	1706	3364	1793
PhysRevLett.28.1494	1977	4077	1423
PhysRevLett.9.439	2660	136723	8400
PhysRevLett.28.885	2720	12765	3002
PhysRev.74.230	2877	60690	3405
PhysRev.91.303	3093	33690	2559
PhysRevD.5.528	3445	4027	3724
PhysRev.30.705	3888	9024	3080
PhysRevLett.59.26	5294	5593	13635
PhysRev.55.434	11978	21022	8920
PhysRev.7.355	20249	112895	11195

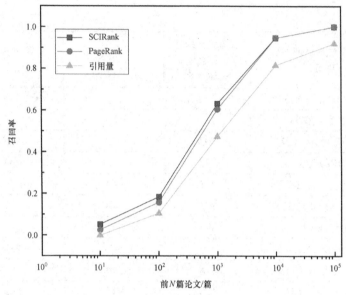

图 4.8 比较不同算法关于诺贝尔奖论文的召回率

4.5　本章小结

　　大规模公开的学术数据集使得学术影响力评估成为可能，也使得分析学术合作、引用网络及学术合作关系成为可能。在本章，一个有向的异构的合作–引用网络被构建，基于该网络，我们开发了一个结构化的量化方法来度量合作者影响力和论文的影响力。实验结果表明：（1）在学术界，学者之间的合作活动更倾向于短期合作。（2）在学术合作生涯中，具有高影响力的合作者对的年平均合作影响力要高于中、低影响力的合作者对的年平均合作影响力，这表明学术合作行为越来越频繁。（3）自从 1930 年以来，80% 的合作者影响力来源于 20% 的合作者，这和"二八定律"一致，说明合作影响力主要来源于少数科学家。（4）SCIRank 模型不仅能够识别合作者对的影响力，而且能够识别有突出影响力的论文，如诺贝尔奖论文。

参考文献

[1] MANSKI C F. Collaboration，conflict，and disconnect between psychologists and economists[J]. Proceedings of the National Academy of Sciences，2017，114（13）：3286–3288.

[2] COCCIA M，WANG L. Evolution and convergence of the patterns of international scientific collaboration[J]. Proceedings of the National Academy of Sciences，2016，113（8）：2057–2061.

[3] NEWMAN M E J. The structure of scientific collaboration networks[J]. Proceedings of the National Academy of Sciences，2001，98（2）：404–409.

[4] PETERSEN A M. Quantifying the impact of weak，strong，and super ties in scientific careers[J]. Proceedings of the National Academy of Sciences，2015，112（34）：E4671–E4680.

[5] PURWITASARI D，FATICHAH C，SUMPENO S，et al. Identifying collaboration dynamics of bipartite author-topic networks with the influences of interest changes[J]. Scientometrics，2020，122（3）：1407–1443.

[6] BU Y，DING Y，LIANG X，et al. Understanding persistent scientific collaboration[J]. Journal of the Association for Information Science and Technology，2018，69（3）：438–448.

[7] ALSHEBLI B K，RAHWAN T，WOON W L. The preeminence of ethnic diversity in scientific collaboration[J]. Nature Communications，2018，9（1）：1–10.

[8] BU Y，MURRAY D S，DING Y，et al. Measuring the stability of scientific collaboration[J]. Scientometrics，2018，114（2）：463–479.

[9] LEE C，KOGLER D F，LEE D. Capturing information on technology convergence，international collaboration，and knowledge flow from patent

documents： A case of information and communication technology[J]. Information Processing & Management，2019，56（4）：1576–1591.

[10] BAI X，ZHANG F，HOU J，et al. Quantifying the impact of scholarly papers based on higher-order weighted citations[J]. PloS One，2018，13（3）：e0193192.

[11] CHEN P，XIE H，MASLOV S，et al. Finding scientifc gems with Google's PageRank algorithm[J]. Journal of Informetrics，2007，1（1）：8–15.

[12] WANG D，SONG C，BARABÁSI，A L. Quantifying long-term scientifc impact[J]. Science，2013，342（6154）：127–132.

[13] BAI X，ZHANG F，LEE I. Predicting the citations of scholarly paper[J]. Journal of Informetrics，2019，13（1）：407–418.

[14] DONG Y，JOHNSON R A，CHAWLA N V. Proceedings of the Eighth ACM International Conference on Web Search and Data Mining，January 31– February 06，2015[C]. ACM，2015.

[15] DOBROTA M，BULAJIC M，BORNMANN L，et al. A new approach to the QS university ranking using the composite I-distance indicator： Uncertainty and sensitivity analyses[J]. Journal of the Association for Information Science and Technology，2016，67（1）：200–211.

[16] FERNÁNDEZ-CANO A. CURIEL-MARIN E，TORRALBO-RODRÍGUEZ M，et al. Questioning the Shanghai Ranking methodology as a tool for the evaluation of universities： An integrative review[J]. Scientometrics，2018，116（3）：2069–2083.

[17] BAI X，ZHANG F，NI J，et al. Measure the impact of institution and paper via institution-citation network[J]. IEEE Access，2020，8：17548–17555.

[18] NEWMAN M E. Coauthorship networks and patterns of scientifc collaboration[J]. Proceedings of the National Academy of Sciences，2004，101（suppl 1）：5200–5205.

[19] FERLIGOJ A，KRONEGGER L，MALI F，et al. Scientific collaboration dynamics in a national scientific system[J]. Scientometrics，2015，104(3)：985–1012.

[20] ZHANG C，BU Y，DING Y，et al. Understanding scientific collaboration：Homophily，transitivity，and preferential attachment[J]. Journal of the Association for Information Science and Technology，2018，69（1）：72–86.

[21] SINATRA R，WANG D，DEVILLE P，et al. Quantifying the evolution of individual scientific impact[J]. Science，2016，354（6312）：aaf5239.

[22] ZHANG F，BAI X，LEE I. Author impact：Evaluations，predictions，and challenges[J]. IEEE Access，2019，7：38657–38669.